稀有植物大·探·秘

黄 栎 章 程 编著

编委名单：

曹 涛　刘 峰　刘 岗　刘 鹏
刘伟鹏　姜彦君　焦谢恩　赖耀昌
冯大海　李 斌　李 阳　李世光
彭卫群　陈德晶　陆志刚　罗熹之
潘永波　曲志丰　任金姚　盛云鹏

金盾出版社

内 容 提 要

本书以第一人称的口吻，从“王者的风范”、“水中的宠儿”、“与恐龙同行的蕨类植物”、“大自然中的舞者”、“神医百草”、“敬而远之的毒性植物”、“奇闻怪事儿真不少”七个方面，向小读者介绍了植物的分类、特征、生活环境、实用价值等丰富的知识，既浅显易懂，又妙趣横生，结合精美的图片和生动的文字，给小读者展示了一个全新的植物世界！

图书在版编目(CIP)数据

稀有植物大探秘/黄栎，章程编著. -- 北京 ：金盾出版社，2011.5

ISBN 978-7-5082-6715-9

Ⅰ.①稀… Ⅱ.①黄…②章… Ⅲ.①珍稀植物—世界—普及读物 Ⅳ.①Q94-49

中国版本图书馆 CIP 数据核字(2010)第 237677 号

金盾出版社出版、总发行

北京太平路 5 号(地铁万寿路站往南)

邮政编码:100036 电话:68214039 83219215

传真:68276683 网址:www.jdcbs.cn

封面印刷:北京凌奇印刷有限责任公司

正文印刷:北京军迪印刷有限责任公司

装订:北京军迪印刷有限责任公司

各地新华书店经销

开本:850×1168 1/32 印张:11.5 字数:200 千字

2011 年 5 月第 1 版第 1 次印刷

印数:1～6 000 册 定价:22.00 元

CONTENTS

目录

第一章 王者的风范

第二章 水中的宠儿

第四章 大自然中的舞者

第五章 神药百草

第六章 敬而远之的毒性植物

第七章 奇闻怪事儿真不少

第一章

王者的风范

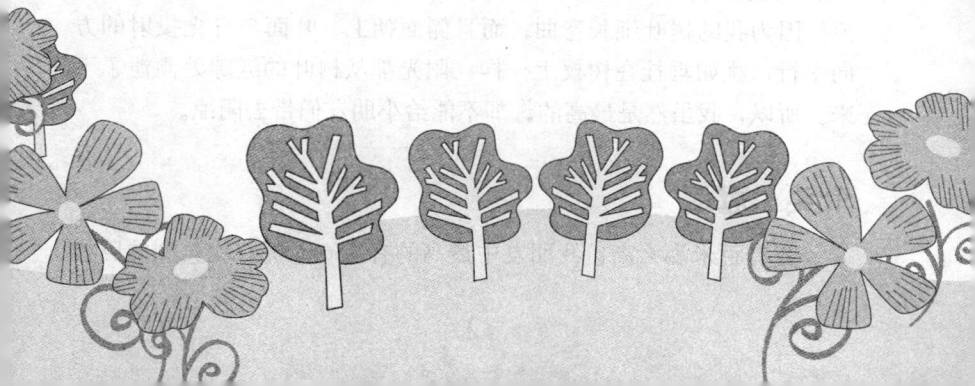

个头冠军 杏仁桉树

自我介绍	
科别	桃金娘科
直径	10 米左右
高度	100 多米
分布地区	大洋洲的半干旱地区
主要特点	笔直向上，逐渐变细；到了顶端才生长出枝叶，树叶细长弯曲，而且侧面朝上，叶面与日光投射的方向平行；种子很小，但生长速度极快

我是生长在澳大利亚草原上的巨树——杏仁桉树，人们把我称为“树木世界里的最高塔”！小朋友们快来了解一下我吧！

大树底下未必好乘凉

人们都说“大树底下好乘凉”，可是在我的身下就未必好乘凉！因为我的树叶细长弯曲，而且侧面朝上，叶面与日光投射的方向平行，犹如垂挂在树杈上一样，阳光都从树叶的缝隙处倾泄了下来。所以，我虽然是最高的，却不能给小朋友们带去阴凉。

个头“冠军”

我有百米那么高，我朋友中最高的有 156 米呢，比美洲的巨杉

还高 14 米，相当于 50 层楼那么高！

小朋友们，你们看我又高又大，但我的种子很小很小，每粒只有 1 毫米～ 2 毫米。可是就是这么小的种子，生长速度却极快，这令我在同类中很骄傲呢！我可是世界上最速生的树种之一哦，五六年就能长成 10 多米高。我不但个头高，本领也很大呢！我每年可蒸发掉 17.5 万千克水分，所以有的人把我种在了沼泽地里，这样，我就成了“活水泵”，可以抽吸沼泽地里的水。

我离你们很近

小朋友们知道吗？你常见的舟、车、电杆，还有树胶，都有我的贡献呢！而且我的叶子有一种很香的味道，可以用来炼制桉叶油，有疏风解热、抑菌消炎、止痒的医疗作用。人们吃的用来清凉止咳的桉叶糖，我就是主要原料呢！

留言板

杏仁桉树的话

亲爱的小朋友，你们见过我吗？是不是看了我的自我介绍后对我有了一些了解呢？有人说我太高，傲气凌人，其实才不是呢。我很和蔼可亲，生活中到处都有我的身影——如你们经常用的牙膏、药片里就有我的成分！给你们留个作业，从身边发现我的存在吧！

我想对杏仁桉树说

____

最矮冠军

矮柳

自我介绍	
科别	杨柳科
直径	1 毫米 ~ 3 毫米
高度	高不过 5 厘米
分布地区	高山冻土地带
主要特点	匍匐于地面，枝条如同杨柳花序，适应能力很强

小朋友好，我叫“矮柳”，是生长在东南亚高山冻土的植物。我虽然小，但我却很骄傲，因为我可是世界之“最”——最矮最矮的小不点儿！想知道我到底有多矮？别着急，下面马上告诉你！

小不点儿

小朋友们好，我生长在高山冻土带，我的茎匍匐在地面上，抽出枝条，样子很像杨柳的花序，高不过 5 厘米，是树木中最矮的树，所以人们叫我“矮柳”。如果小朋友们想接近我，那一定要蹲下来，并且弯下腰来才能看清我！

我的好朋友

我有两个好朋友，一个叫“紫金牛”，另一个叫“矮北极桦”。人们为“紫金牛”起了个绰号叫“勿老大”，因为它的身高才20厘米～30厘米那么高；而“矮北极桦”还没有北极圈附近的蘑菇高。正是因为我们的个头相近，所以我们成了好朋友。

个头小耐力强

我是高山植物，在我生活的环境里，温度很低，空气稀薄，而且风还很大，并且受到阳光的直射。正是在这样的环境中，我和家人们一同努力，克服困难，慢慢地适应了环境，并繁衍后代。

留言板

矮柳的话

小朋友们，你们喜欢可爱的我吗？你们可能没有见过我，但我想你们一定会被我的坚强和勇于克服困难的精神而鼓舞吧？你们也要向我学习，面对困难不退缩，勇往直前。小朋友们要加油哦！

我想对矮柳说

____

____

生长最快的树
团花树

自我介绍	
科别	茜草科
直径	不详
高度	8 米～17 米
分布地区	亚热带地区
主要特点	生长十分迅速，树冠呈圆形，叶大且光亮，枝条形式特别

小朋友们好，我叫团花树，我最大的特点是生长速度非常快，所以，人们把我们称为“奇迹之树”和“宝石之树”！

十年树木，百年树人

俗话说“十年树木，百年树人”，这话对于我的家族来说的确不假。我十岁以前长得非常非常快，每年平均长 2 米～ 3 米，腰围增长 4.5 厘米～ 5.5 厘米，每年每公顷生长量可达 80 立方米～ 90 立方米。我是我的朋友们中间生长速度最快的，所以我是人类人工造林的最理想选择！

我的外形很酷

小朋友们，我的外形很酷哟！我的躯干挺拔秀丽，笔直而雄健。我有个圆形的大帽子（树冠呈圆形），叶子很大，而且很光亮。枝条的形状很特别，每一层都是向四个方向斜着插向天空。

我生长的环境

我不仅仅喜欢阳光普照，还喜欢雨水的沐浴，生长需要的降雨量为每年1500毫米～5000毫米。对于温度我也是有要求的，听妈妈说，我小的时候特别怕霜冻，生长的环境温度最低为4℃～10℃，不过我长大后能耐0℃左右的极端低温及轻霜。

工业上大展拳脚

我的纤维长1.49毫米左右，在工业上我可以大展拳脚，是人造纤维、纤维板、胶合板等的理想原料。

留言板

团花树的话

小朋友们，我虽然个子高高的，但是你们是不是觉得我有点娇气呢，不能适应各种生长环境，还特别怕风霜。俗话说“不经历风雨，怎么见彩虹”，小朋友们，这一点不要学我们哦！

我想对团花树说

____

寿命最长的植物

百岁叶

自我介绍	
科别	百岁兰科
直径	1.2米左右
高度	不超过50厘米
分布地区	热带沙漠地区
主要特点	长寿；只有两片叶子；茎为木质化，在幼苗时期便死亡；极长且粗的主根

小朋友们好，我叫百岁叶，我的寿命可是植物界最长的。我的家族成员平均寿命能达到100岁以上，其中有些能达到2000岁，所以，植物界的“老寿星”非我莫属了！

叶和茎

我一生只长两片长的叶子，因此人们也把我称作“二叶树”。我的叶子长达2米～4米，宽30厘米左右。我开始生长的时候叶子是很柔软的，后来就慢慢变得像皮革形状。长期在野外生存的我，叶子通常碎裂成许多条状物，所以人们无法看出我原来只是两片长长的叶子。我的两片叶子能活到 100 多岁，因此人们把我称作植物界的“老寿星”。

远古的物种

小朋友，你们知道吗，我是远古时代的物种！经过二十万年前的第四纪冰期的侵袭，我是百岁叶属的裸子植物现今唯一残留的物种。所以人类认为我具有极高的学术研究价值。

留言板

百岁叶的话

亲爱的小朋友，虽然我是植物界的“老寿星”，但是你们是不是觉得我长得其貌不扬呢？我没有华丽的外表，可我却有很丰富的经历和智慧。所以，小朋友在平时的生活中千万不要以貌取人哦！

我想对百岁叶说

____

____

____

____

最短命的种子植物
短命菊

自我介绍	
科别	菊科
直径	不详
高度	不详
分布地区	非洲撒哈拉沙漠
主要特点	生命周期短暂，遇水则发芽

我是生长在非洲撒哈拉沙漠中的短命菊。我从发芽到开花，一生的寿命只有仅仅三四个星期，是世界上生命最短暂的种子植物！

形态特征

尽管在干旱的撒哈拉大沙漠中，我的叶子依然没有退化，形状和菊花的叶子很相似。我的舌状花整齐地排列在头状花周围，就像锯齿一样，因此人们把我很形象地称为“齿子草”。

短暂却精彩的一生

大多数草本植物，出苗后在当年开花或隔年才能开花，而我从发芽到开花，整个生命周期还不足一个月。不要感到惋惜，我用短暂的一生快速体验了整个生命的精彩过程！

同病相怜的罗合带

有一种叫罗合带的植物，它和我同病相怜，也是个“短命鬼”。它生长在严寒的帕米尔高原，那里的夏天来得比较迟，六月份才有点暖意，罗合带就匆匆发芽生长。过了一个月，它才长出两三根枝蔓，就赶忙开花结果，在严霜到来之前就完成了生命过程。它的生命如此短促，但还是可以达到一个月的时间，属于“第二短命”吧！

留言板

短命菊的话

小朋友，别看我的生命如此短暂，但是我却觉得很精彩，因为我能很好地把握时机，完成整个生命的周期。妈妈告诉我“机会只留给有准备的人”，所以在雨水降临前我就做好了准备。小朋友，你为完成近期的目标做好充分准备了吗？

我想对短命菊说

____

____

____

____

材质最硬的树
铁刀木

自我介绍	
科别	苏木科
直径	不详
高度	20米左右
分布地区	热带，亚热带，温带地区
主要特点	材质坚硬，常年绿色，易燃，萌芽力强

小朋友们好，我叫铁刀木！我的材质非常非常坚硬，好像练过神功一样，刀斧都很难进入。我的名字——“铁刀木”真是名副其实！

形态特征

我的身高20米左右，树皮是深灰色的。我的树枝很粗壮而且还很光滑呢！每个树枝上都会有小叶6～11对，叶子是长椭圆形的，长3.5厘米～7厘米，宽1.5厘米～2厘米。薄薄的，用手摸一摸像皮革。叶子的背面有短短的茸毛。我的花是黄颜色的，直径大约2.5厘米，有5个花瓣。花的雌蕊有10枚，其中7枚可以发育，另外3枚不可以发育。我的果实是条形状的，扁平的，两端逐渐变尖，里面有10粒～20粒种子。

城市美工

美化环境还有我的功劳呢。因为我常年都是绿色的，叶子茂盛，开的花漂亮，而且花期也比较长，病虫害少，常被人们用作行道树，所以我也是“城市美工”哟。

良好的薪炭林树种

因为我比较容易点燃，火力强，生长也很迅速，而且我的萌芽力也很强，所以人们根据这个特点，认为我是良好的薪炭林树种。

留言板

铁刀木的话

小朋友们，我的材质难锯难刨，铁钉也难钉入，真可谓刀斧难入，这些坚硬性是我的优点，证明我的结实而且强壮，但是同时也是我的缺点，因为这样加工不容易，所以有的时候小朋友们身上的优点也可能会是个缺点啊，你们明白这个道理了吗？

我想对铁刀木说

____

____

最咸的树

木盐树

自我介绍	
科别	不详
直径	不详
高度	6 米 ~ 7 米
分布地区	高盐分地区
主要特点	体内含盐，树干产盐

小朋友好，我叫木盐树，我算是植物界中的一个奇迹了，因为我的身上能产盐！小朋友们一定很好奇，这到底是为什么，快来听我揭开谜底吧！

产盐原理

小朋友们，你们一定很好奇我为什么能产出盐吧？由于我生长的地方地下水含盐量很高，我的根部吸取了这样的地下水，为了不影响我的细胞活性，于是我通过“出汗”的方式把我体内多余的盐分排泄出去，这样就能保证我的健康成长了。

盐工厂

我可怕热了，每到夏天我就拼命地出汗。等我的汗水蒸发后，留下来的就是一层像雪花一样白的盐。人们发现了这个秘密后，就用小刀轻轻把盐从树干上刮下，回家作为食盐炒菜用。听他们说，我产出的盐的质量和精致的食盐不相上下呢！我的家族就像一个“盐工厂”，于是人们给我一个恰如其分的名字“木盐树”。

我的榜样——长冰草

我和长冰草都生长在盐分高的地区，但是长冰草可是我的榜样呢！它坚决地把盐分拒绝在体外，不吸收或很少吸收盐分，而我总爱受环境影响，土里的盐分越高，我就吸收得越多，真是不如长冰草有原则啊！

留言板

木盐树的话

小朋友们，在成长的过程中你们的环境也总会发生着不同程度的变化，但是应该保持自己的原则哟。不要学我，总爱随着环境去改变自己，你们说我说得对吗？

我想对木盐树说

____

____

最珍贵的树
银杏

自我介绍	
科别	银杏科
直径	4米左右
高度	10米左右
分布地区	温带和亚热带地区
主要特点	生长速度慢，寿命很长，果实能食用

小朋友，要是你问植物界的超级大明星是谁，那么非我银杏莫属！我可是被人类公认为和大熊猫一样，是珍贵的物种呢！

形态特征

我高大挺拔，直径有4米左右。小时候我的皮肤浅灰色很光滑，长大之后我的皮肤就出现不规则的纵裂，颜色变成了灰褐色。我的叶子是扇形的而且对称生长，宽5厘米～8厘米。我的种子有个坚硬的白色的壳，里面的成熟果肉是淡黄色的。

活化石

我的祖先最早出现于3.45亿年前，曾广泛分布于北半球的欧、亚、美洲。到50万年前发生了第四纪的冰川运动，绝大多数濒于绝种。因为中国的自然条件较好，我才奇迹般地被保存下来，所以，我被科学家称为“活化石”、“植物界的熊猫”。

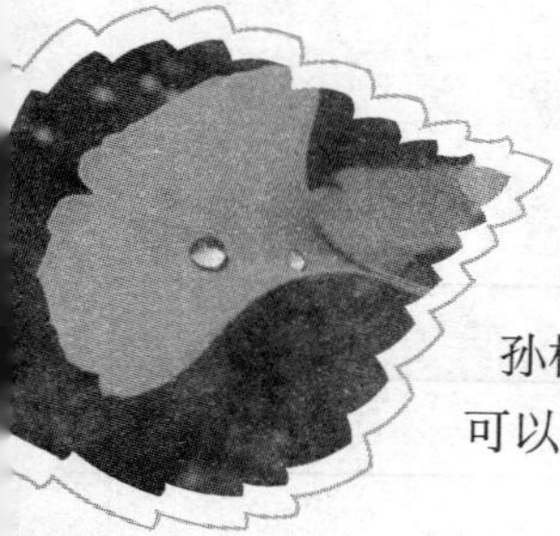

公孙树

我的生长速度很慢，我四十岁的时候，才能结大量的果实。因此人们把我们称作“公孙树”，意思是“公种而孙得食”。我的寿命很长，可以达到一千多岁，算是树中的“老寿星”了。

皇家贡品

我的果实叫白果，可以延年益寿，宋代时被列为皇家贡品。日本人有每日食用白果的习惯，西方人圣诞节必备白果。但是小朋友千万不能多吃我的果实哟，儿童连吃20颗，成人连吃50颗，就会有中毒的危险。

留言板

银杏树的话

小朋友们，我的果实虽然能益寿延年，但是吃多了反而会有中毒的危险，所以凡事都要有一个尺度。小朋友，你能举个例子来说一说“事情做过度就会有不好的结果”这个道理吗？

我想对银杏树说

____

体积最大的树
巨杉

自我介绍	
科别	杉科
直径	10 米左右
高度	100 米左右
分布地区	海拔 1500 米 ~ 2500 米之间的地方有分布
主要特点	体型巨大，材质脆弱

小朋友们，你们好，我叫巨杉。我长得又高又胖，是我们树家族中的“巨人”，人们把我们称作“世界爷”！

闪亮的小舞台

我的身高是 100 米，直径可达 12 米，树干的周长为 37 米，需要二十多个成人手挽手才能把我抱住。小朋友，你们能想象我的体积到底有多庞大了吧。我的体型就像一个水桶上下一般粗，如果把我的树干底部开一个洞能通过汽车，或是 4 匹骏马并排而过。树干挖空后，人们可以往里走六十多米然后从树杈钻出来，我的树桩像不像个闪亮的小舞台？杏仁桉树虽然比我高，但是它是个瘦高个，没有我胖，所以我可是世界上体积最大的树！

其实我很脆弱

小朋友们，别看我五大三粗的，其实我很脆弱。我的材质虽然抗腐朽，但是易脆。因此我不适合做建筑材料。我经常被用作房屋的木板和栅栏，或者是火柴棍。但是因为我很脆，所以当我被砍伐后，大部分还是被浪费掉了，真是可惜啊！

留言板

巨杉的话

小朋友们，我虽然高大威猛，甚至把我放倒之后，你们也要站在高高的椅子上才能爬到我的身上，但其实我很自卑，因为我的“内心”是很脆弱的，和我的体积、身高成反比。所以小朋友们千万不要像我一样，而要做一个内心勇敢坚强的孩子，这样才能得到更多的小朋友的尊重。

我想对巨杉说

____

____

____

____

最昂贵的医用树种
红豆杉

自我介绍	
科别	红豆杉科
直径	1米左右
高度	30米左右
分布地区	北半球，大多数分布在中国
主要特点	主根浅，侧根发达，体内含紫杉醇，果实如红豆

小朋友们好，我叫红豆杉。我的家族都生活在北半球，大多数定居在中国。我是植物界中当红的明星呢！想知道为什么吗？请往下看吧！

形态特征

我因为长着和红豆一样的果实，因此得名“红豆杉”。我属于浅根植物，我的主根非常浅，但是我的侧根非常发达哦！我长得很魁梧，身高可达30米呢！我的叶子很特别，螺旋状对称地生长着，背面有两条宽的黄绿色或是灰绿色的气孔带。我的家族是有性别之分的，雄性植物的花生长在叶腋，而雌性的花胚珠生长在花轴上部侧生短轴的顶端。

悠久的历史

我是古老的树种，在地球上已经有 250 万年的历史了。由于在自然条件下我的生长速度缓慢，再生能力差，所以很长时间以来，我的家族在世界范围内还没有形成大规模的原料基地。中国政府为了保护我，把我列为一级珍稀濒危保护植物，联合国也明令禁止采伐我。

当红的明星

我可是植物界中当红的明星，因为人类从我身上提炼出了紫杉醇，这可是国际上公认的防癌抗癌的药剂呢！紫杉醇价格非常昂贵，每公斤 200 万人民币，因此我也被人们称作“最昂贵的医用树种”！

茂盛的生长群落

在野外生长的我对于生长条件近乎苛刻，但是在广东北部的乳源山区我却生长得非常茂盛。小朋友，你想知道这到底是什么原因吗？因为这里有独特的地理环境，湿润的气候，良好的生态环境，还有当地群众的大力保护，这些条件让我生活得非常“舒适”！

我在伤心地哭泣

在被誉为“红豆之乡”的云南，我的家族遭到了灭顶之灾。一些人为了追求利益，不惜残害我们，剥我们的皮。小朋友，你听见我们伤心地哭泣了吗？

留言板

红豆杉的话

小朋友，看到我伤心地哭泣，你的心情如何？因为人类对于利益的追求，我和我的家族遭到了灭顶之灾。请你保护好身边的各种植物，不要随意地去伤害它们，好吗？

我想对红豆杉说

____

____

____

____

果实最大的植物
海椰子树

自我介绍	
科别	棕榈科
直径	不详
高度	20 米 ~ 30 米
分布地区	原产于塞舌耳群岛
主要特点	雄树高大，雌树娇小；叶子巨大、扇形；果实硕大；生长速度缓慢

小朋友们好，我叫海椰子树，听到我的名字不要以为我是长在海里的啊，我是生长在陆地上的！我最让人类感到瞠目结舌的是我的果实硕大无比，人们把我的果实称作“最重量级椰子”！

“树中之象”

我的个子高 20 多米，叶子像个大扇子，宽 2 米，长达 7 米，活像大象的两只耳朵。我的身体非常庞大，因此人们都敬畏地把我称作“树中之象”。

不可思议的果实

我的果实横宽 35 厘米 ~ 50 厘米，外面长有一层海绵状的纤维质外壳，每个果实的重量达25公斤。我的果实好像两个合生在一起的椰子，因此，有人将我的果实誉为“爱情之果”。小朋友，是不是觉得非常不可思议呢?

分辨雌雄

不要惊讶，我的家族是有性别之分的哟！雄树高大，雌树娇小，生长速度都极为缓慢，从幼小到成年需要25年的时间。雄树每次只开一朵花，花长1米有余。雌树的花朵要在受粉两年后才能结出小果实，待果实成熟又得等上七八年时间。我的家族夫妻都很恩爱，雌雄双株总是相依而生，树的根系在地下紧紧缠绕在一起，如果其中一棵树早夭，另一棵也活不长久。

名字的由来

我的名字不是由父母起的，而是由马尔代夫的渔民起的。听我的爷爷告诉我，1519年，马尔代夫的渔民出海时发现西印度洋上漂着几颗形状像椰子的果实。渔民们以为是海里什么植物结的果，便取名“海椰子”。1743年，人们发现塞舌尔群岛的海椰子树，才知道我们原来是生长在陆地上的。

塞舌尔的国宝

我虽然可以在海上漂浮，随着海水远走他乡，但是我却不能在海滩上生长。所以，我就只能定居在塞舌尔了。加上我的生长十分缓慢，百年才能长成，果实要7年才能成熟，显得十分稀少珍贵，所以塞舌尔把我看做“国宝”，一颗售价就高达几百美元。如果你想把我带出境外还需要相关的政府审批才行。

留言板

海椰子的话

小朋友们，从小养成多思考的好习惯，遇到问题多问几个为什么，才能透过现象看到事情的本质，才能得到深层的正确道理，可不要像马尔代夫的渔民那样，武断地给我“取名字”。

我想对海椰子说

____

____

____

____

____

____

最粗的树

波巴布树

自我介绍	
科别	木棉科
直径	15米左右
高度	20米左右
分布地区	非洲、地中海、大西洋、印度洋诸岛、澳洲北部
主要特点	树杈似根，树干巨大，果实巨大可食用

小朋友们好，我是生长在非洲热带草原上的波巴布树，我最显著的特点就是粗壮！快来了解一下我吧！

大胖子树

小朋友们，我是世界上最粗的树，直径一般在15米左右，要十几个成年人手挽手才能把我抱住。我们当中最粗的直径能达到50米以上呢！由于我的体型实在庞大，特别像个“大胖子”，因此，当地的人们就把我称作“大胖子树”。我的长相很奇特，树杈千奇百怪的，酷似树根，像个“倒栽葱”，也被称为“倒栽树”。

猴面包树

我的树形巨大壮观，果实也特别的大，像足球一样，而且果实的汁液甘甜，它可是那些可爱的猴子、猩猩、大象的美味佳肴呢！

当我的果实成熟时，那些调皮的猴子就成群结队而来，爬上树摘那些美味的果实吃，因此人们把我也称为“猴面包树”。

别致的村舍

有趣的是，当地居民把我的树干中间掏空，然后搬进去住，形成了一种非常别致的大自然“村舍”。也有的居民把掏空的树干当做储藏室，完全不用担心食物的变质，因为我有一种奇特的本领，可以使食物放很长的时间不会腐烂。

拯救饥民

我浑身都是宝！我的树皮可以造纸、编席、制绳；果实的外壳可以做成水瓢；肉质能生吃；汁液可以当做茶喝。在非洲历史上的几次大饥荒时期，我这种“天然面包”拯救了成千上万饥民的性命。我的果实、叶子和树皮均可入药，具有养胃利胆、清热消肿和镇静安神的功效。

留言板

波巴布树的话

亲爱的小朋友，你觉得我这个“大胖子”可爱吗？很多人和动物都非常喜欢我，因为我给他们提供了很多的便利。但是小朋友可不要像我一样做个“大胖子”呦，要注意体育锻炼，这样才能使你的身体更健康。

我想对波巴布树说

____

最具贵族气派的树
檀香树

自我介绍	
科别	檀香科
直径	不详
高度	10 米左右
分布地区	原产太平洋岛屿，现印度种植最多
主要特点	附生植物，木材奇香

小朋友们好，我叫檀香树，我可是植物界中最具气派的树！不信，你快看看下面生物学家对我的评价吧！

形态特征

我是常绿的寄生小灌木，别看我的身高可以达到 10 多米，我可是生长速度比较缓慢的树种之一。我的树皮是褐色的但有些粗糙。叶子是对称生长的，有椭圆形，还有卵状披针形。我的花都很小，开始的时候是淡黄色，慢慢变成深紫色。成熟的种子是黑色。

树中的贵族

我是最具贵族气派的树，生物学家这样评价我道："檀香树是贵族中的贵族，是非常漂亮和美丽的树，绝不‘寄生作伴’，也不轻率接香！”怎么样，对我的评价很高吧！

香料之王

我可算是“香料之王”。我的原产地在印度南方和印尼的帝汶群岛，中国进口我的木材已有1000多年历史了。我的木材是作为敬献佛祖的贵重香料伴随着佛教传入中国的，虔诚的香客们为了表示对佛的虔诚，不惜高价购买这种点燃起来异常芳香的小块檀香木，作敬香之用。

“吸血鬼”

因为我的经济价值高，用途也很广泛，所以人们把我称作“绿色金子”。但是提到我的生长过程，我感到很惭愧，因为不是很“光彩”。我是一种半寄生的植物，我的须根长着千千万万个“吸盘”，这些“吸盘”从寄主身上掠夺水分、无机盐和其他营养物质。但我可不是随便地寄生在任何植物身上，我对于寄主的要求很苛刻，主要选择洋金凤、凤凰树、相思树，我可以在它们的根瘤菌上吸取我所需的营养成分。

含恨而死

别看我那么的有贵族气派，但是我

深知美中不足的是我的嫉妒心很强。我绝对不允许我的寄主长得比我高、比我好，如果我的寄主长得比我还茂盛，我就会“含恨而死”。所以在我郁郁葱葱的身影下，都是那些面瘦肌黄、垂头丧气的寄主。

留言板

檀香树的话

小朋友，我虽然有着贵族的气派，但却嫉妒心强，没有宽广的胸怀，所以小朋友们不要学我这点。你们一定要有一颗宽广的胸怀，这样才能让自己得到更多小伙伴的喜爱，你们说对不对呀？

我想对檀香树说

____

____

____

____

____

最深的根

无花果

自我介绍	
科别	桑科
直径	不详
高度	12米左右
分布地区	原产阿拉伯南部，后传入叙利亚、土耳其等地
主要特点	根深，花藏于花托，可食用

小朋友们好，我是无花果树，听到这个名字你一定以为我没有花吧？其实这是个美丽的误会哦！

形态特征

我的身高12米左右，树皮呈灰褐色，很光滑。我的根扎在土里足足有120米，要是挂在空中有40层楼那么高呢。我可是全世界根最深的植物了！

无花之谜

小朋友，你们听到我的名字一定认为我没有花吧？很多人顾名思义地认为我只结果、不开花，其实这是一个美丽的误会。我的花调皮地隐藏在囊状的花托中，所以平时人们只看到我的果实，从未见到我的花朵，把我误会地称作“无花果”。我的果实像个小型的梨子，成熟的时候颜色是黑紫色的。

仙人果

我是在唐代的时候传入中国的。我的果实是扁圆形的，外面有一层金黄色的果皮，果肉细腻，果汁很甜！我的果实中含有氨基酸、多种维生素和人体所需的矿物质，并且有滋补、健胃、去风湿和防癌的作用，因此人们给我一个美誉——“仙人果”。维吾尔族的朋友更是对我喜爱有加，给我起了一个很有趣的外号“树上结的糖包子”。

留言板

无花果的话

小朋友，很多人看到我都以为我没有花，却没有仔细地思考和观察，真是个马大哈！从这个误会中，我们应该得到教训，在生活中要用眼睛仔细观察事物，善于思考，武断得出的结论大多数都是错误的！小朋友，对待事情你足够细心吗？

我想对无花果说

____

____

陆地上最长的植物

白藤

自我介绍	
科别	棕榈科
直径	茎的直径为 4 厘米 ~ 5 厘米
高度	茎的长度可达 300 多米
分布地区	热带雨林地区
主要特点	茎细长，以树为支柱，反复向上攀爬

小朋友们好，我是生长在热带雨林中的白藤。调皮的我在大树的周围绕了无数个圈圈，你要是一不小心就会被绊倒哦！我可是世界上最长的植物。你问我到底有多长，别着急，我先卖个关子，等会儿再告诉你！

瘦高个子

我是植物界中的“瘦高个子”。我的茎特别的细长，只有小酒盅那么粗，直径不过 4 厘米 ~ 5 厘米，但是长却 300 多米。我的伙伴还有更厉害的，长达 500 多米呢！

鬼索

我以树为支柱，使长茎向下坠，沿着树干盘旋缠绕，形成许多怪圈，所以人们给我取了个绰号叫“鬼索”。我的茎的上部直到茎梢又长又结实，长满又大又尖往下弯的硬刺，像一根带刺的长鞭，随风摇摆，一碰上大树，就紧紧地攀住树干不放，并很快长出一束又一束新叶，接着就顺着树干继续往上爬，而下部的叶子则逐渐脱落。我爬上大树顶后，还是一个劲地长，可是已经没有什么可以攀缘的了。于是，我那越来越长的茎就往下坠，爬爬坠坠，坠坠爬爬，这样反反复复的，我就成为了当之无愧的世界上最长的植物了。

我在你的身边

小朋友们可能从没有见过我的“庐山真面目”吧？虽然我生长在热带雨林中，但其实我就在你们身边。用我的藤编织的各种工艺品可真不少呢，像提篮、藤椅、花盆架、字画屏风，等等，不仅美观大方，而且非常结实。

留言板

白藤的话

小朋友，你们也许没有见过我，但是我却离你们的生活并不远，也许在你家就有我的“踪影”呢。给你们留个作业，看哪些东西是由我的藤做成的？

我想对白藤说

____

____

最古老的裸子植物
苏铁

自我介绍	
科别	苏铁科
直径	不详
高度	5米～20米
分布地区	南北半球的热带、亚热带地区
主要特点	木质密度大，体内有铁元素，没有花

小朋友们好，我叫苏铁。我是世界上最古老的裸子植物，曾经与形形色色的恐龙成为世界的主宰，称霸整个地球！

形态特征

我的茎干是圆柱形的，叶子从茎顶部生出，分为营养叶和鳞叶两种。营养叶比较宽大，慢慢向上舒展，成“V”字型；鳞叶短而且小，像人类的“头发”！

植物的活化石

我曾经与恐龙生活在同一时代，如今恐龙消失了，可是我却倔强地存活下来。我见证了3亿多年历史风云的变幻，被地质学家称作“植物的活化石”。

与“铁”的渊源

人们经常还是会叫我“铁树”，这是有原因的呢！一是因为我的木质密度大，沉重如铁，把我放到水里，一会就沉下去了；二是我的生长过程中体内需要很多的铁元素，如果缺少铁元素，我就可能衰败而死。这时若是你能把铁钉钉入我的体内，我就能起死回生了。

在变“干”的地球上顽强地生存下来

3 亿年前我们出现在茫茫的植物群中。随着陆地面积一步步扩大，地球一步步变“干”，被子植物出现后，我们就逐渐衰退了。我们把原来生长的好的环境让给了“子孙”，有花植物、被子植物，而自己生长在光线不好、通风不良的密林中，要不就是又干又热的恶劣环境中。虽然环境不好，但是我们却通过进化出特殊的适应机制，在变“干”的地球上顽强地生存下来。

并非千年才开花

自古以来，人们认为我开花是件很罕见或者是非常难以实现的事情，因此有句 “铁树开花，哑巴说话”的俗语。其实不

然，尤其是在热带地区，只要长到 20 岁，我就可以开“花”了，其实我所说的花就是我的种子。

留言板

苏铁的话

小朋友，人们还用“千年铁树开了花”、“铁树开花马长角”来比喻事物的漫长和艰难，甚至根本不能实现。那么小朋友，表示艰难、不容易的事情都还可以用哪些成语或是俗语来表达呢？请举几个例子好吗？

我想对苏铁说

____

____

____

____

____

____

树干最美的树
白桦树

自我介绍	
科别	桦木科
直径	不详
高度	20 多米
分布地区	西伯利亚东部、朝鲜、日本北部、中国东北部
主要特点	树干如霜，树汁可饮用，耐寒

小朋友们好，我叫白桦树。在森林中我亭亭玉立，除去碧绿的叶子之外，全身粉白如霜。在微风吹拂下，我的树叶轻摇，十分美丽！

美丽的树干

我是一种落叶乔木，高 20 多米。我的树干非常美丽，上面缠着白色的树皮，能一层一层地剥下来，仿佛是一张较硬的纸，小朋友可以在它上面写字、画画，还可以编成各种玲珑的小盒子或者制成别致的工艺品，别有一番情趣！

我的兄弟姐妹

我生活在一个大家族中，我的兄弟姐妹有 40 多个，其中在中国的有 22 个，其他都在别的国家生活呢！

天然的啤酒

我的树汁是目前世界上公认的营养丰富的生理活性水，也是我的生命之源呢！它不但可以作为天然的饮品，而且还有独特的药用功能，如抗疲劳、止咳等药理作用，被欧洲人称为“天然啤酒”和“森林饮料”。

民族精神的象征

我能忍耐寒冷，在俄罗斯分布最广，几乎成了西伯利亚的象征，因此我被誉为俄罗斯的国树。

留言板

白桦树的话

小朋友，听完我的自我介绍你对我有些了解了吧？我爱我的祖国——俄罗斯，我以能代表着民族精神为荣！小朋友，你热爱你的祖国吗？

我想对白桦树说

____

树冠最大的树
孟加拉榕树

自我介绍	
科别	桑科
直径	不详
高度	不详
分布地区	孟加拉
主要特点	树冠巨大，树枝向下生根

小朋友们好，我是生长在孟加拉的大榕树，是世界上至今为止树冠最大的树哦！我的树冠可以覆盖15亩土地，有一个半足球场那么大呢！

奇怪的"气根"

我不仅枝叶茂盛，而且我的树枝能向下生根。这些根悬挂在半空中，可以从空气中吸收水分和养分，因而被称为"气根"。多数气根还能直达地面，努力扎根在土里，然后拼命地吸收土里的养分和水分。

独木成林

这些直立的气根特别像树干，小朋友，你们能想象得到我这样的气根到底有多少吗？总共有4000多根，难以想象吧！从远处看去，你绝对以为是一片森林，因此当地的人们把我称作“独木林”。

千人大军的休息地

小朋友们，告诉你们哦，有一个六七千人的军队曾在我的大树冠下休息乘过凉呢！当地的居民还在我的大树冠下，开办了一个人来人往、熙熙攘攘的农贸市场。小朋友，你们说我的树冠大不大？

留言板

孟加拉榕树的话

小朋友，我的树冠是不是大得很惊人？当然并不是所有的大树都可以用来在树下乘凉和开办农贸市场的，所以，“大树底下好乘凉”并不适用于任何植物。你能举个例子说明“大树下未必好乘凉”的例子吗？

我想对孟加拉榕树说

____

____

中国最高大的阔叶乔木
望天树

自我介绍	
科别	龙脑香科
直径	1.5 米～3 米
高度	40 米～50 米，最高 80 米
分布地区	云南西双版纳
主要特点	热带雨林的重要标志之一，使劲向上长

小朋友好，我是生长在西双版纳的望天树。要是比一比，谁是中国树木中的“巨人”，那么身高有 80 米的我一定能摘取这个桂冠了。我一个劲地往上长，比周围的树要高 2 米～30 米呢，大有刺破青天的架势！

植物目录上闪闪发光

我在 1974 年被科学工作者首次发现。他们从我的叶、花、果实的结构、形态，鉴定出我是龙脑香科的一个新种，并赋予我一个形象生动的名字——望天树，意思是“仰头看天才能看到树顶”。从此，在中国植物的目录中又多了“望天树”三个闪闪发光的大字。

推翻外国学者的断言

我不是徒有虚表，只长大个，我还很名贵，要不也不能被列为国家一级保护植物呢。我是热带雨林中的优势科，是热带雨林的重要标志之一。过去某些外国学者曾断言“中国十分缺乏龙脑香科植物”、“中国没有热带雨林”。然而，我的被发现真是为中国扬眉吐气，不仅使得这些结论被彻底推翻，而且还证实了中国存在真正意义上的热带雨林。

会当凌绝顶，一览众山小

近年来，西双版纳的旅游独开蹊径，用网绳、木板、钢管等材料在高空把我们整个群落连接起来，架设了一条高20多米、长2.5公里的“空中走廊”。踏上晃晃悠悠的“空中走廊”，不仅可以体验到那种在高空摇荡的惊心动魄的刺激，还可以体会到“会当凌绝顶，一览众山小”的意境。

留言板

望天树的话

小朋友，我的出现推翻了外国学者的断言，我为国家扬眉吐气了，是不是有点佩服我了呢？你们要把中国更多不为人知的事物介绍给其他国家，让他们对我们刮目相看。

我想对望天树说

____

最高的仙人掌
巨柱仙人掌

自我介绍	
科别	仙人掌科
直径	不详
高度	几十米
分布地区	沙漠地区
主要特点	树高，耐干旱，体内能储水

小朋友们，你们都看过变形金刚吧？我就像是里面的擎天柱，我叫巨柱仙人掌！我的身高有 4 层楼房那么高，体重有 6 吨，要是想把我搬动，必须用起重机才行！

一柱冲天

我年轻的时候一柱冲天，不长“胳膊”，所以身上也就没有任何枝丫了，可是等我到了 75 岁的时候就开始长出了“胳膊”。小朋友们要是想知道我的年龄，那么只要数数我有几条“胳膊”就行了。

沙漠英雄花

我生长在位于美国和墨西哥两国交界处的索诺兰沙漠中，有着

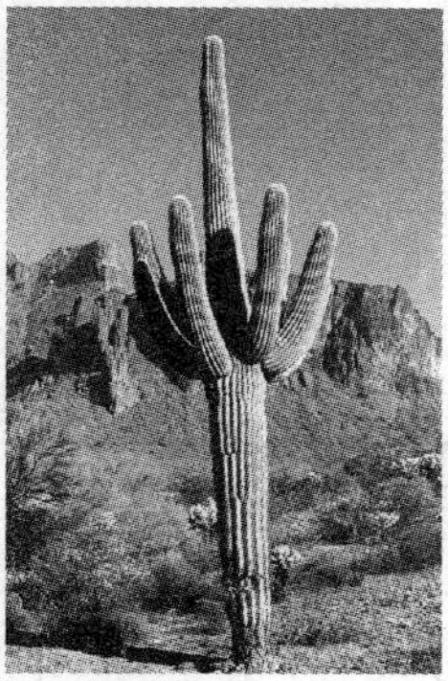

超乎寻常的忍受干旱的能力，这也得益于我有个很特殊的储水本领。为了适应沙漠中的干旱气候，我的叶子慢慢蜕变成针刺，这样可以减少水分的蒸发；我的根系又深又广，你很难想象出我的根有多深，要超出我身高的两倍，这样稍有一点雨水，就能大口大口地吸收了；茎也厚厚的，因此能贮得住大量的水分，俨然成了个小水库。当地的人们常常在口渴时把我砍开，他们就能喝个痛快了。所以人们给了我一个美誉——沙漠中的英雄花。

留言板

巨柱仙人掌的话

小朋友们，你们喜欢我这个"擎天柱"吗？我经常帮助在沙漠中口渴的人们，助人为乐可是我的优秀品质呢！小朋友们，你们也向我学习，做个助人为乐的好孩子，好不好？

我想对巨柱仙人掌说

____

____

____

世界最大的花
大王花

自我介绍	
科别	大花草科
直径	1 米左右，最大直径可达 1.4 米
高度	不详
分布地区	热带森林地区
主要特点	花朵巨大且恶臭，无茎无叶无根

小朋友们好，我叫大王花。荆棘鸟一生只唱一次歌，我一生只开一次花。我的花朵非常巨大，大得超乎你的想象，快来瞧瞧我们吧！

世界花王

我有 5 片又大又厚的花瓣，整个花冠是鲜红色的，上边有点点的白斑，每片长 30 厘米，仅花瓣就重六七公斤。花心就像是个大面盆，看上去既绚丽又壮观。花的中心有一个大洞，别小看这个洞，它可以装进 10 斤水，像不像一个“储水池”？再大一点的同伴，花的中心甚至可以藏一个人呢。我的花朵的直径可以长到 1 米左右，最大的直径可达 1.4 米，重量可达 10 千克，因此人们把我称作“世界花王”。

奇特之处

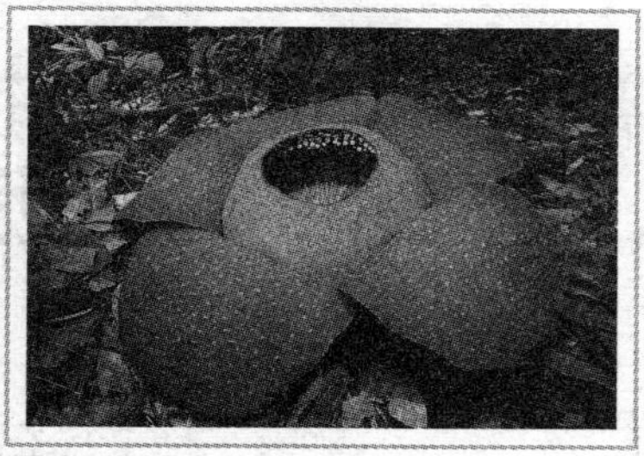

我没有叶子，根也没有茎，整个花就是我身体的全部了。我寄生在藤本植物上，主要靠吸取它们身上的养分来生活。我的种子非常小，用肉眼几乎是看不到的。小种子带粘性，大象或别的动物踩到我，我就会随着它们到别的地方生根、发芽，进行繁殖了。

我的体臭

我的花期很短，仅仅 4 天，而且一生只开一次。4 天之后，颜色慢慢变黑，最后变成一摊黏乎乎的黑东西。随着凋谢，我的体内会散发出类似于尸体腐烂的气味。小朋友们，别嫌弃我的体臭啊，我得依靠体臭吸引某些蝇类和甲虫来传粉呢。受粉 7 个月之后，我就会结出一个果实。

留言板

大王花的话

小朋友们，因为我的体臭，蝴蝶蜜蜂不理睬我，大型动物也不愿意接近我，但是那些逐臭的动物就会帮助我传粉。为什么有些我们并不看好的事情，却能给我们带来帮助呢？所以，你们要学会换个角度去看问题哟！

我想对大王花说

颜色变化最多的花
弄色芙蓉

自我介绍	
科别	锦葵科
直径	15厘米左右
高度	2米~5米
分布地区	原产中国，现分布广泛
主要特点	花的颜色变化最多，喜潮湿，生命力强

在植物界，有些花从花开到花落，似乎颜色都不会有什么改变，而有的花从开到落，它的颜色却会变化多端。小朋友，如果你要问谁的颜色变化最多，那么当属我“弄色芙蓉”了！

百变天后

我可是植物界的“百变天后”，变化是我独特的本领。我开始开放的时候第一天是白色的，第二天变成了浅红色，后来又变成了深红色，到花落的时候又变成紫色了。由于每朵花开放的时间有先有后，常常能看到白色、浅红色、深红色、紫色同时绽放，甚至一朵花上还会出现不同的颜色呢！

生活习性

我喜欢温暖湿润和阳光充足的环境。我并不娇气，有一定的耐

寒性，对土壤要求不严，但在肥沃、湿润、排水良好的沙质土壤中生长最好。冬季有些嫩枝会冻死，不必管它，等春季气温变暖后就会有新的枝条发出。

生命力旺盛

我的生命力很强，非常容易成活，小朋友随便把我插在院落前面或小屋后面，我都能生长。即使饿慌了的小鸡在我身上啄出一个个小洞，一群青虫伏在我身上久久不肯离去，可是到了第二年，我又会生机勃勃地出现在人们面前。

留言板

弄色芙蓉的话

小朋友们，我的生命力很强，遇到了困难、挫折，依然昂首向前。在生活中你们遇到困难是怎么面对的呢？

我想对弄色芙蓉说

____

____

____

____

价格最昂贵的草
黑节草

自我介绍	
科别	兰科
直径	茎的直径为 3 毫米 ~ 6 毫米
高度	10 厘米 ~ 40 厘米
分布地区	广西、贵州、云南、西藏（墨脱、定结）
主要特点	药用价值高，濒临灭绝

你好，我叫黑节草。你可不要小看我呦，我和普通的小草可不一样，我的药用价值很高。因为我不仅仅是一种草，而且还是很名贵的药材，因此人们都不惜重金求购我呢！

形态特征

我的身高 10 厘米 ~ 40 厘米，茎是圆柱形的，粗 3 毫米 ~ 6 毫米。幼嫩时的我，茎是淡绿色的，老时变成了暗褐绿色。我的茎上有 5 个 ~ 13 个节，每节之间长 1 厘米 ~ 2 厘米。我的叶子也是对称生长的，长 2 厘米 ~ 5 厘米，宽 5 毫米 ~ 10 毫米，是绿色稍带淡紫色，形状是窄长圆形至卵状长圆形。我的花序是白色的，直径 3 厘米 ~ 4 厘米。

价值千金

我有止渴、镇痛、消除水肿之功效，是很名贵的药材，人们把

我们称作“价值千金”的草。虽然我的药用价值很高，但经过人类长期的拔采，加上生态环境的恶化，我的家族已经到了濒临灭绝的地步！

人工培育

我的人工培育的过程可让人们花费了心思，中国科学院昆明植物所和云南思茅地区民族传统医药研究所通过17年的攻关，1992年终于使难繁殖的我长出了幼苗。但是由于我成活率低，对气候条件要求苛刻，所以人们想大面积栽培仍很困难。

微小的种子

小朋友们，我的种子可小了，用你们的肉眼都难以分辨，600粒干种子才仅仅1毫克，除非你用显微镜，或许这也是我难以繁殖的因素之一吧。

留言板

黑节草的话

小朋友们，由于人们过度地拔采我，还有对于森林的破坏，气候的恶化，使我濒临灭绝。其实不仅仅是我，在自然界中很多植物和动物，由于人类的采伐或捕捉，都已经灭绝了。很多资源都是不能再生的，所以你们一定要保护好环境，保护好地球。

我想对黑节草说

最甜的叶

甜味菊

自我介绍	
科别	菊科
直径	0.8厘米~1.2厘米
高度	90厘米~150厘米
分布地区	南美洲的巴西、巴拉圭、中国温带地区
主要特点	叶子清甜，热量低

小朋友好，我叫甜味菊，我的叶子含糖量很高，是一种新型的糖源植物。你要是不相信，可以摘下我的叶子放在嘴里嚼一嚼，就像吃了一口清新的白糖，别提有多甜了！

外来侨民

小朋友们，我可是外来的“侨民”呢。我的故乡在遥远的南美洲巴拉圭、巴西。1969年，日本的住田哲也教授在巴西山区发现了我。后来我漂洋过海来到中国，但是我在中国的定居的时间还不是很长。

甜比白糖

在中国的温带地区，我安家了。栽种一次，我可以存活很多年。每到夏天的时候我最开心了，因为我能开出很漂亮的小白花，一丛丛的，有着淡雅的清香。我的叶子里含有丰富的甜叶菊苷，提纯之后的味道很像白糖，但是甜度高出白糖 300 倍！

从蔗糖里提取的白糖、红糖、葡萄糖，这些糖的热量很高，吃多了对人的身体有影响。小朋友们糖吃多了，会长出蛀牙。大人吃多了会引起肥胖病、动脉硬化症。糖尿病人更是严禁吃糖的。而我的热量却只有白糖的三百分之一。我的出现给人类带来了福音，从我身上提取做成的甜品，不但对人类身体没有任何不良反应，反而有降血压、强壮身体、治糖尿病等药用价值。因此我不仅仅被人们称作“甜味世界”的冠军，还有“时髦的甜味品”的美称。

留言板

甜味菊的话

小朋友们，生活中的甜味品主要还是由蔗糖制成的，吃多了对小朋友的牙齿和身体健康都没有好处，所以尽量少吃糖。你能做到吗？

我想对甜味菊说

____

____

第二章

水中的宠儿

在水一方

芦苇

自我介绍	
科别	禾木科
直径	不详
高度	1 米～ 3 米
分布地区	世界各地均有分布
主要特点	水生，群生，分布广泛

“蒹葭苍苍，白露为霜。所谓伊人，在水一方。”提到这句诗歌，肯定很多小朋友都会知道，但是要是问你蒹葭指的是什么，你一定会疑惑了吧？蒹葭就是我，我叫芦苇，是大家的老朋友了，你们一定都见过我吧！

形态特征

我是个细高个，我的根状茎很发达地在地面下匍匐地生长着，有很强的生命力，能很长时间地埋在地下。我的茎杆直立，高 1 米～ 3 米左右，叶鞘是圆筒形的，叶片是长线形的。我夏天开花，每个小穗有小花 4 朵～ 7 朵，小穗是白绿色或是褐色的。

我们的集会地

我生长在水里，我们家族喜欢群居生活，所以我们就划地为营，不到一两个月的工夫，我们就形成了自己的领地——苇塘。我们在中国分布比较广泛，东北的辽河三角洲、松嫩平原、三江平原；内蒙古的呼伦贝尔和锡林郭勒草原；新疆的伊利河谷，华北平原的白洋淀，都是我们的集会地。

“平民”植物

我很普通，几乎全世界的人都认识我，因此人们把我称作“平民”植物。我从头到脚都有特殊的用途。我的茎杆柔软而又有韧性，所以人们用我来编席子。到了秋天，我开的花可以绑成扫帚。花序轴老化后，可以编成草鞋。初生的嫩芽细如竹笋，味道特别甜，可以当蔬菜食用。新鲜的叶子是包粽子的好材料哟！

众志成城

风一吹，我就会被折断，我深知脆弱是我与生俱来的弱点，正因为这样，我们才会选择群集而生，这样不仅不会折断，还给人们一种众志成城的气势。

留言板

芦苇的话

亲爱的小朋友，我不断地反思自己。我知道我的优势，也了解我的不足，学会了借助集体的力量让自己变得更加强大。你了解自己的优点和缺点是什么吗？请悄悄地告诉我好吗？

我想对芦苇说

生在湿岸

香蒲

自我介绍	
科别	香蒲科
直径	不详
高度	1.3米～2米
分布地区	中国、日本、俄罗斯、大洋洲等地均有分布
主要特点	花穗可杀菌，驱逐蚊子，雌花有茸毛

小朋友们好，我叫香蒲。我生长在池塘里，每逢夏天，我就和小朋友见面了！

长而香的叶子

我的叶子是条形的，很长，有40厘米～70厘米，而且能散发出很好闻的香味。

陪伴小朋友的快乐时光

我的花穗，也就是蒲棒，曾经给水畔人家的孩子带来了很多的乐趣。当我的蒲棒成熟的时候，小朋友就会三五成群地来到我的身旁，挑选自己心仪的蒲棒。要是谁能找到个头大、颜色深的蒲棒，一定会让其他的小伙伴羡慕不已。

将蒲棒放在阳光下晒干，等到夜晚的时候，把它点燃，不仅可以帮纳凉的人们驱逐蚊子，而且还能给人神清气爽的感觉。

与生计相关

老百姓可以采集我的叶子做成蒲席、蒲扇、蒲包、蒲垫、蒲团等，然后拿到集市上卖。我的花粉还可以入药，称为“蒲黄”，是非常重要的药材呢！我的雌花还有茸毛，可以把它当做枕絮。

端午时节人们也会把我插在门上，这并不是一种迷信，而是有一定科学道理的。我的体内含有挥发油的某种物质，可以抑制多种细菌。我的气味也可以杀灭细菌、预防湿疹。

诗人的咏颂

历史上有很多名人文士创作过咏颂我的作品呢，唐代诗人杜甫的“细柳新蒲为谁绿”，白居易的“青罗裙带展新蒲”，还有张籍的“紫蒲生湿岸”……各种佳句，不胜枚举。

留言板

香蒲的话

亲爱的小朋友，看完我的介绍后，你们对我有更进一步的了解了吧。请你把上面我说到的诗篇找完整，然后读一读！

我想对香蒲说

____

天然水质净化器

水 葱

自我介绍	
科别	莎草科
直径	不详
高度	1 米 ~ 2 米
分布地区	原产中国，朝鲜、日本、澳洲、南北美洲有分布
主要特点	水生，秆圆柱形，中间空，能净化水中的酚，灭杀细菌

小朋友好，我叫水葱。从我的名字就知道我生活在哪里了吧？没错，我临水而居。可别小看我哦，我可是天然的水质净化器！

不能食用

小朋友，猛的一看，我很像你们生活中食用的大葱，但是我却不能吃哟！我的杆是圆柱状的，中间是空空的。

水中的居士

湖边、浅水塘、沼泽地或是湿地草丛，随便哪里，只要是有水的地方，我都可以很好地生长。我的花葶细长纤细，叶子碧绿青翠，风一吹过，我那种潇洒和飘逸之美无处掩饰。我就好像是一个水中的居士，静静地站在那里，与世无争！

我的别名

我有很多有意思的别名呢！莞、苻蓠、莞蒲、夫蓠、葱蒲、莞草、蒲苹、水丈葱等这些都是我的别名，还有一个别名“冲天草”最能形象地描述我了。

天然的水质净化器

我能杀死水中的细菌。在一个每毫升含有 600 万个细菌的污水池中，我不过用两天的工夫就能将池子里的大肠杆菌全部消灭，而且水会变得更清澈。小朋友，我的污水处理能力让你感到惊讶吧？我被人们誉为“天然的水质净化器”！

留言板

水葱的话

亲爱的小朋友，把我放在鱼缸中不仅仅能净化水质，而且能起到美化的作用。在我们水生植物中有不少能改善水质的，小朋友，你们知道它们吗？请举个例子告诉我，好吗？

我想对水葱说

____

从谷物到蔬菜

茭白

自我介绍	
科别	禾木科
直径	不详
高度	90厘米～180厘米
分布地区	中国、越南等地
主要特点	叶鞘从地面向上层层左右抱合，营养价值高

小朋友们好，我叫茭白。我的水性很好，家就住在水里呢！中国、越南的人们把我作为蔬菜种植，其实我也是谷物的一种呢！

六谷之一

古代的时候人们把我称作“菰”。在唐朝以前，人们把我当做粮食来种植，把我的种子叫做“菰米”、“雕胡米”。我是六谷（稌、黍、稷、粱、麦、菰）之一呢！

从谷物到蔬菜角色的转变

后来人们发现，我的小伙伴有些因为感染上黑粉菌而不抽穗，但是从表面上看不出来任何病状。茎部不断膨大，逐渐形成纺锤形的肉质茎。这样，人们就利用黑粉菌阻止我开花结果，“有病在身”的我从此就从谷物的行列中退出来了，完成了从谷物到蔬菜角色的转变。

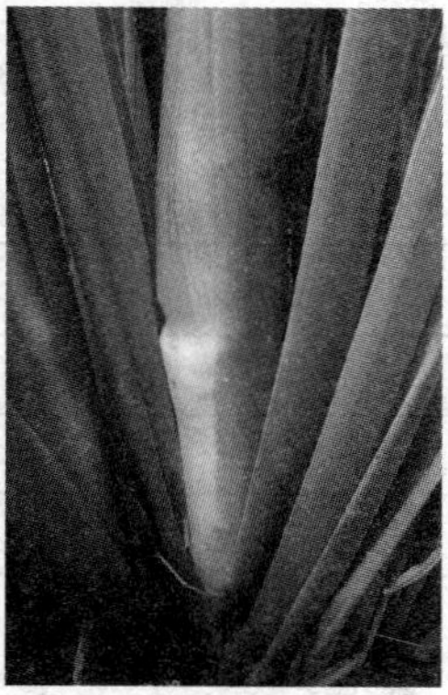

“内涵丰富”

我的味道很鲜美，而且有很高的营养价值，容易为人体所吸收。但美中不足的是，我体内含有比较多的草酸，所以钙质不容易被人体所吸收。小朋友，你们知道吗，我的体内含有解酒作用的维生素，因此可以帮人们解醉酒哦！

留言板

茭白的话

亲爱的小朋友，不论是谷物粮食还是蔬菜，都是农民伯伯辛苦劳动的成果！你们记得那首古诗《锄禾》吗？每一粒粮食，每一种蔬菜，农民伯伯都流下了辛苦的汗水，所以你们要学会珍惜，不要浪费哟！

我想对茭白说

____

____

____

功过参半

凤眼莲

自我介绍	
科别	雨久花科
直径	不详
高度	0.3 米
分布地区	原产亚马逊河流域，现世界很多水域有分布
主要特点	繁殖能力极强，能净化水质，可食用

小朋友们好，我叫凤眼莲。说起我的这个学名，你们一定不怎么熟悉。要是提起水葫芦的话，你们几乎都会说“认识、认识”。人类对于我的评价是褒贬不一的，有的人认为我是“毒草”、“绿魔”，但是也有的人说我是人类的良朋益友！

自我介绍

我漂浮在水面上生长，因此人们又把我称作“水浮莲”。因为我的根与叶子之间长了一个像葫芦的大气泡，所以人们也叫我“水葫芦”。我的故乡在南美洲的亚马逊河流域。1884 年，我作为观赏植物被人类带到美国的一个园艺博览会上，当时人们预言我将是“美化世界的淡紫色花冠”，从此迅速开始了我的走向世界之旅。

污染的代名词

我覆盖在水面上，使得其他植物不能进行光合作用，这样水中的动物和植物就没有充分的空气和食物，不能维持水中的生态平衡了。慢慢的，我几乎成为了“污染”的代名词。

生态功臣

人们提到我，总把“绿魔”、“恶草”这个罪名放在我的头上，压得我都快喘不上气来了！人们看不到我“与人为善”的一面，其实我还是个“生态功臣”呢！我庞大的须根不断吸收水中的污染物，并且对有毒的汞、铅等重金属也能应付自如，所以我也是人类的良朋益友哟！

帮我正名

我可以食用，这一点是鲜为人知的。我的味道像小白菜，是一味正宗的“绿色蔬菜”。我的根部也没有害处，可以做成饮料。我还可以可以治疗感冒。我的体内含有丰富的氨基酸，包括人类生存所需又不能自身制造的 8 种氨基酸。

留言板

凤眼莲的话

亲爱的小朋友，我的处境比较尴尬，我总是在善与恶之间徘徊，常常使人迷惑。我到底是“绿魔”，还是“善草”？你认为呢？

我想对凤眼莲说

出水芙蓉

莲 花

自我介绍	
科别	莲科
直径	1毫米～3毫米
高度	10厘米～20厘米
分布地区	亚热带和热带地区
主要特点	水生，根茎横生节状，花后结子

小朋友们好，我叫莲花，“出淤泥而不染”说的就是我！快来了解一下我吧！

形态特征

我的根茎，其实就是人们俗称的藕，它肥大而且还有很多节，横生在水底的泥土里。我的叶子的形状像个盾，表面是深绿色的，上面被蜡质的白粉覆盖着，而背面是灰绿色的。我的叶柄是圆柱形的，上面密密地长着倒刺。花生长在花梗顶端，在水面上美丽地绽放着。我的花有单瓣、复瓣、重瓣及重台等花型，花的颜色有白、粉、深红、淡紫色等。

我的别名可真多

小朋友，你的名字最多不过两三个吧？可是，你猜猜我的名字有几个？荷花、芙蕖、莲花、水芝、泽芝、水华、菡萏、水旦、草芙蓉、芙蓉、水芙蓉、玉环、六月春、中国莲、六月花神、藕花、灵草、玉芝等，是不是很多呢？

“花神”之子——莲蓬

8 月到 10 月，我的开放时期结束后，我的孩子就出世了，它叫“莲蓬”。它长得就像一把伞，每一个孔洞里面都有一个小坚果（莲子），味道很苦。

全身是宝

我身体的每一件东西都是宝。莲花、莲叶、莲心、莲藕、莲梗可都有很高的药用价值哟。

诗人的钟爱

自古以来，中国人便喜爱我，认为我是洁身自好、不同流合污的高尚品德的象征，因此诗人对我有“莲生淤泥中，不与泥同调”之赞。

留言板

莲花的话

亲爱的小朋友，在盛夏的公园里，你们一定见过我。你们喜欢我“出淤泥而不染”的品格吗？你们还能背出哪些赞美我的诗歌？

我想对莲花说

神奇的叶子

王莲

自我介绍	
科别	睡莲科
直径	2 米左右
高度	不详
分布地区	原产于南美热带水域，现世界各大公园均有分布
主要特点	叶子硕大无比且浮力很大，能自动调节温度

小朋友你好，我是王莲。我的故乡在南美洲，因为我的花开得鲜艳，叶子巨大，所以人们都非常喜欢我，现在在世界各大植物园和公园你都能找到我！

舒服的婴儿床

我的每个叶片都硕大无比，直径为 2 米左右，我朋友中直径最大的达到 4 米呢！我的莲叶边缘向上卷起，很像一张“大床”，能够承受几十公斤的重量，二三十公斤的小孩坐在上面也会安然无事的！如果让睡熟的婴儿躺在我的叶片上，会睡得很香甜、很舒服呢！人们为了测试我到底能承受多大的重量，在我的叶面上均匀地铺上 75 公斤重的沙子，我也不会沉没。我怎么能有如此大的浮力呢？告诉你吧，神奇之处在于我的叶子结构很特别，叶片里面有许多充满气体的洼窝，使我可以有惊人的浮力。

水玉米

我和荷花不同的是我不长藕，我依靠种子传播。我在开花后两三天就凋谢了，柱头下垂，在水底下结籽。别看我那么硕大无比，但是我的种子却小得和一粒豌豆那么大，可以食用，因此当地的居民把我的种子称作“水玉米”。

自动调节温度

我的叶子和花都具有自动调节温度的功能。我的叶子里面的叶青素能将光辐射转为热能，把叶背的温度提高，使上下两面的温度一致。我的叶脉也能散热，可以避免强光照射将叶面晒焦。令人称奇的是，我的花内的温度比外界空气的温度高十几摄氏度呢！

留言板

王莲的话

小朋友，很多人都会把我当做莲花。虽然我和莲花有很多相似的地方，但是也有不同之处哟！请你说说有哪些不同吧！

我想对王莲说

____

金盏银台

中国水仙

自我介绍	
科别	石蒜科
直径	不详
高度	15厘米~50厘米
分布地区	中国、日本、南欧等地
主要特点	花香浓郁，鳞茎，花和叶子都有毒

小朋友好，我叫中国水仙。我已经有1000多年的历史了，是中国传统的名花之一！

我的荣誉

我因为在水里生长，叶姿秀美，花香浓郁，亭亭玉立，因此人们给我一个雅号——凌波仙子。我的花个头很大，而且花香馥郁。我以独特的外形享誉中外，也是公认的名贵花卉！同时我也是“福建省省花”、“漳州市市花”。

金盏银台和玉玲珑

我的家族中，单瓣的花品种叫做“金盏银台”，花瓣是纯白色的，但中间的部分托起一个金黄色的像个杯子一样的副冠，感觉很特别，而且很漂亮呢！复瓣的花品种叫做“玉玲珑”，颜色只有单一的白，没有“金盏银台”那么漂亮，香味也相对逊色！

如约而至

我的花期早于桃李而晚于梅花。那么怎么才能使我在元旦、春节之间如约而至呢？这个可以通过人为控制，主要是要保证我开花所需的温度和光照。如果气温过低、光照不足时，可以给我的盆内换上 12 度～15 度的温水；如果气温过高时，则要在我的盆中适量加入冷水，晚上将盆中水倒掉，进行低温处理，这样可使我延缓开花时间。

拉丁可毒素

小朋友，我虽然挺招人喜爱，但是不要触碰我的鳞茎哟！因为我的鳞茎里含有一种叫“拉丁可”的毒素，若不小心误食会引起呕吐、肠炎。我的叶子和花的汁液上也是有毒的，皮肤接触后会红肿，奇痒无比。

留言板

中国水仙的话

小朋友，很多事情都是可以控制的。我的花期可以通过温度和光照调节，如约开放。所以很多不可思议的事情，只要小朋友开动脑筋，就会想出好的办法，为事情的完成创造更好的条件。

我想对中国水仙说

____

花草四雅之一

菖蒲

自我介绍	
科别	天南星科
直径	不详
高度	50 厘米 ~ 80 厘米
分布地区	原产中国和日本，俄罗斯和美国均有分布
主要特点	全株有香气，耐寒，可驱虫，根茎可入药

小朋友们好，我叫菖蒲。我喜欢随遇而安，在野外，生机盎然，富有而滋润；在厅堂中，我就亭亭玉立，飘逸而俊秀。从古至今我都博得人们的喜爱！

形态特征

我的身上散发着一种清香的味道，根状茎粗壮而且横向地生长着，同时我还有许多须根。我的叶子是直立的，长 50 厘米 ~ 120 厘米，细细的，像一把利剑。

耐苦寒，安淡泊

我生长在野外的池塘或是湖泊的浅水区。我能耐得住寒冬，但是10℃以下我就停止生长。冬天，我的茎潜在地下就可以过冬了，人们说我“耐苦寒，安淡泊”。

花草四雅之一

自古以来，人们就非常崇拜我，把每年的4月14号定为我的生日。我是中国传统文化中防疫驱邪的灵草，在冬天几乎所有的草都枯萎的时候，我刚好觉醒。因为这点使我扬名天下，与兰花、水仙、菊花并称为“花草四雅”。

治病的苦药

我的全身香味浓郁，具有开窍、祛痰、散风的功效，可祛疫益智、强身健体。历代中医典籍都把我的根茎作为益智宽胸、聪耳明目、祛湿解毒之药。我的根茎的味道有些苦，都说良药苦口嘛！

绿色农药

我还是极好的“绿色农药”呢！人们把我的根茎500克捣烂后，加入1公斤～1.5公斤的水煮上2个小时后，经过过滤所得到的原液，再兑上3公斤～6公斤的水，这样就可以作为农药消灭庄稼地的各种害虫了。

留言板

菖蒲的话

小朋友，农历的五月十五日是中国传统的端午节。为了纪念伟大的爱国诗人屈原，在这一天，人们除了把我的叶子挂在门前，还会吃粽子、喝雄黄酒、赛龙舟等。那么小朋友，你们知道关于屈原的故事吗？人们为什么要纪念他呢？

我想对菖蒲说

____

____

赤潮的罪魁
红海束毛藻

自我介绍	
科别	不详
直径	不详
高度	不详
分布地区	红海领域，中国南海、东海
主要特点	个体细小，成团成群，形成赤潮

小朋友们好，我叫红海束毛藻，我的家族人员每个人都很细小，但我们家族的力量强大着呢！大量繁殖时，我们成团成群的漂浮在海面上，可以把一望无际的大海染红！

惊人的繁殖力

我的个体非常得微小，在显微镜下你能看到我的样子像个枣核形，但我们的繁殖能力迅速得惊人。大海的颜色是蔚蓝的，可是在亚洲西部的阿拉伯半岛和非洲大陆之间，出现了红色的海域，也就是著名的红海。那么究竟那里的海水为什么能变红呢？这主要是在海洋的上边有我的家族在不断繁衍，我们的体内含有含量很高的藻红素，可以把海水染红。

引发赤潮

小朋友，你们知道什么是赤潮吗？赤潮是在特定的环境条件下，海水中某些浮游植物、原生动物或细菌爆发性增殖或高度聚集而引起水体变色的一种有害生态现象。赤潮是一个历史沿用名，它并不一定都是红色。

在海上无风、天气又闷热的情况下我们家族成员引起的赤潮，会持续一个月。这给海洋带来的是极大的灾难，散发的一阵阵腥臭味道，对海洋中的紫菜危害很大，海里的软体动物，如蛏、蛤之类会中毒而死。小朋友一定迫不及待地想知道，是什么原因使我造成生态灾难了吧？我们的群体容易分解死亡，产生硫化氢等有毒的物质，对水生的植物和生物造成很大的危害，所以一些动植物容易死亡。当地以养殖业为生的渔民伯伯一定恨死我了！

东洋水

我和我的家族在中国南海、东海沿岸也常有出现。每年秋冬，我们开始大量繁殖，形成赤潮，漂到岸边，严重时海水被染成淡红色。由于赤潮来自太平洋东面，所以福建沿海的渔民称它为“东洋”。

留言板

红海束毛藻的话

小朋友，我们家族很自私，为了不断繁衍后代，让海水变红，给人类的养殖业、种植业造成了很严重的影响，我感到很羞愧。我很想做些什么，可是什么也做不了，但小朋友不一样。为了使大海依然蔚蓝，你想做点什么贡献呢？

我想对红海束毛藻说

会潜水的“环保菜”
海菜花

自我介绍	
科别	水鳖科
直径	不详
高度	不详
分布地区	中国西南、华南各省均有分布
主要特点	对污染水质敏感，同株上的叶子形态各异

小朋友们好，我叫海菜花。我不仅仅是人们餐桌上的一道美味佳肴，而且我还是很环保的一个战士呢，人们亲切地把我称作“环保菜”。

形态特征

我的水性非常好，潜在水下4米的地方生长。我的花期一般在每年的5月～10月，若是在温暖的地方，我全年都可以开花。

我的叶子的形态因为水的深度和水流急缓而有明显的变异，有披针形、线状长圆形、卵形、广心形。小朋友，这些形态迥异的叶子在我的身上，看起来是不是很有意思呢？

我的科学价值

我由两性花进化到单性花，雄蕊和花柱减少，这种现象对于人类研究我们的科属有很重要的科学价值。同时我的叶子形态的多变性和易变性对于人们研究生态因子与形态建成相关作用上也很有意义呢！

“环保菜”

无论在湖泊、池塘还是在沟渠里，我都对水质的要求非常苛刻，水体必须清澈通透。另外，我对水质污染很敏感，水要是有一点污染，我就可以一命呜呼了！因为我对水质的要求高，所以人们知道，只要有我存在的地方，水就没有受到污染。因此我也被人们称作“环保菜”。

草鱼的饵料

近年来，随着人类对于生物资源的过度开发，我们在一些湖泊中相继消失了。还有一些地方的人们因为进行网箱养鱼，把我们作为草鱼的饵料，这使得我们更加面临灭绝的危险处境。

中国特有的水生植物

因为人们经常能在河面上看到我的花星星点点地漂移着，所以并不为奇。但是很少有人知道我是中国特有的水生植物，更不知道我如今濒临灭绝。

留言板

海菜花的话

亲爱的小朋友，人们并不知道我是很珍贵的水生植物，还经常把我打捞起来作为猪饲料。看到我的处境，你们也为我捏把汗吧！因为人们的肆意开发，像我一样命运的植物还不少。小朋友，你们能想出一些办法保护我吗？

我想对海菜花说

____

____

水中微生物的“克星”
狸藻

自我介绍	
科别	狸藻科
直径	不详
高度	不详
分布地区	中国西南、华南各省
主要特点	没有根，茎细弱，有捕虫囊，不能分泌消化液

小朋友们好，我叫狸藻，我的身上有许多小口袋！想知道这些小口袋有什么用吗？快往下看吧！

水中的一生

我的一生都是在水中度过的。我几乎没有根，茎也很细弱。我全身的叶片裂成一条条细丝状，好像乱七八糟的绿色头发。到了夏天的时候，会从茎上抽出一根花梗，露出水面，在花梗头上开放出几朵蝴蝶似的黄紫色小花。

在我的叶边上长着许多小口袋，那是我专门捕虫的工具。我的这些小口袋很别致，每个口袋和外面都有一个相通的口子，口子上面还有一个小盖子，盖子上长着4根有感觉的毛。当水中的微生物或是小虫游到我的小口袋门口，只要轻轻一碰，小盖就向里面打开了。我的盖子的神奇之处就是从外向里能打开，但是从里向外就无法推开，所以微生物或是小虫游进去就再也出不来了。

特殊的消化方式

我不能像其他的食虫植物那样分泌消化液，得等到那些自投罗网的微生物或是小虫饿死或者腐烂，我才能慢慢地吸收它们体内的营养。一般这个吸收过程需要几个小时或者是几天的时间呢！“猎物”消化后，营养被我的捕虫囊吸收，多余的水分被排出体外，我就恢复原状，开始等待下一个猎物了。

凶狠的同伴

我们一般只是吃些水中的微生物和小虫，但是听说我的同伴一次差点把人吃掉呢！1969 年 8 月，美国海军陆战队卡洛塔上尉带着 12 个人来到黄高森林执行一项军事任务。一天，上士凯文迪和几位同伴在一条溪边饮水。凯文迪刚伸手下去，就被一株水草卷住手腕，他使劲挣扎，竟不能扯脱，便大呼同伴帮忙。有个士兵当即拔出刺刀，将凯文迪的手斩断。凯文迪惨叫一声，其他几个人惊奇地发现，那只断掉的手，竟被我凶狠的同伴卷住，短短几秒钟的时间，就只剩下一些淡红的血水。

留言板

狸藻的话

亲爱的小朋友，我的捕虫小口袋可爱吗？在水中一些像我一样的藻类、水草都可以把人缠住无法挣脱。所以，小朋友们，一定不要在野外的池塘里游泳，那样会很危险哟！

我想对狸藻说

会哭的植物

滴水观音

自我介绍	
科别	天南星科
直径	不详
高度	3 米左右
分布地区	原产亚洲或美洲的热带地区
主要特点	茎内有白色乳液，体内能蒸发水，有毒

小朋友们好，我叫滴水观音！因为我开的花像观音，因此人们给我起了这个高贵的名字！那么，我名字中的“滴水”是怎么回事呢？别急，我慢慢告诉你！

形态特征

我的别名叫海芋，直立着身高有 3 米左右。我的根状茎很粗壮，皮是茶褐色的，茎的里面有很多的粘液。我的叶片非常巨大，长 30 厘米～90 厘米，形状像一个盾。肥沃、松软的土壤对于我来说是最有营养的，它有助于我的叶片长得更肥大。

“滴水”的秘密

大自然的奇闻并不少，有的植物会笑，有的植物会发烧，而我

的叶子会“流下眼泪”。当小朋友看到我的“眼泪”顺着叶子往下流的时候，一定以为我伤心了，其实那是我体内的水分溢出来了。如果空气中的湿度小的话，我体内出来的水分就会蒸发掉。但是如果湿度比较大，那么我就会出现滴水现象。这种现象一般会在每天的早晨出现，也有人将这称作“吐水”。

“眼泪”有毒

我的“眼泪”在叶子的边缘上，晶莹剔透，水灵灵的。如果小朋友非常好奇汁液是什么味道，用小舌头舔了一下，那么几秒钟之后，小朋友的咽喉就会感到疼痛难忍，嘴唇肿得厉害，舌头也麻木得不听使唤了！这是因为我的“眼泪”是有毒的！所以小朋友千万不要调皮地用舌头舔我的“眼泪”哦！

虽然我滴下的水是有毒的，但是小朋友们也没有必要把我拒之门外。把我养殖在家中大可放心，只是对我保持一定的距离，不要随意地触碰我就可以了！

留言板

滴水观音的话

小朋友，我滴下来的水虽然有毒，但是我的观赏价值却不能忽视，而且我还有药用价值呢！所以，请小朋友学会一分为二地去看待问题！

我想对滴水观音说

____

叫“钱”不是钱

地钱

自我介绍	
科别	地钱科
直径	不详
高度	不详
分布地区	世界各地阴暗潮湿的地方均有分布
主要特点	喜阴湿，对大气污染敏感

既不是铜钱，也不是硬币，我是地钱！虽然我名字里有个“钱”，但是我与钱一点关系也没有，小朋友们快来了解一下我们吧！

形态特征

我的样子就像一个扁平的叶子，匍匐在湿地上生长。我叶子的背面是绿色的，有意思的是它还有六角形的气室，里面有很多直立的营养丝呢！

分布广泛

我是世界上分布最广泛的湿地植物之一，从两极到赤道，由高原到平地，从森林到荒漠，只要有阴暗潮湿的地方，小朋友们就能找到我的踪影。我就像一块巨大的地毯铺满整个林地，就好像给大地穿上了绿色的衣服，因此人们也把我叫做“地衣”。

地衣荒漠

由于我对大气污染极为敏感，因此经常被人们当做大气质量的“勘测者”。在大气污染严重的地带，我几乎绝迹，人们把这种现象叫做“地衣荒漠”。把我作为大气污染的指示植物，既灵敏，又经济。

先锋植物

我生长的基质通常是树皮、土壤、岩石以及任何相对稳定的物体，但是我体内的地衣酸能溶解岩石，因此人们把我誉为岩石风化的“先锋植物”。

我还可以治病呢！

小朋友，我体内不仅有丰富的营养成分，而且我还能入药呢！我的这个本领都是鲜为人知呀。我有解毒、祛瘀、生肌的功效，还可以治疗烧烫伤、骨折、毒蛇咬伤。

留言板

地钱的话

亲爱的小朋友，大气污染导致生命力如此强的我都在慢慢地减少，所以，你要从生活的点滴里保护环境，而低碳生活是保护环境的有效方式。请你说说，你觉得什么样的生活方式才是低碳生活？

我想对地钱说

岩石的绿衣服

苔藓

自我介绍	
科别	葫芦藓科
直径	不详
高度	不详
分布地区	热带、温带、寒冷的地区都有分布
主要特点	喜阴湿，较强的吸收性，分泌酸性代谢物

小朋友们好，我叫苔藓。小小的我看上去不起眼，经常被人忽视，但是我在自然界中的作用却是不可估量的！

开路先锋

我是尾随细菌、地钱之后自然界的又一个拓荒者！我生长在裸露的岩石上，体内能分泌出一种液体，这种液体可以缓慢地溶解岩石表面，加速岩石的风化，促成土壤的形成，所以我也是其他植物生长的“开路先锋”。

从低等植物到高等植物

过去，人们将我归在低等植物类群里。后来，植物学家研究后发现，我更多具备高等植物的特征。因为我的结构很简单，仅仅有茎和叶两部分，没有真正的根和维管束，所以，人类把我定位为最低等的高等植物。

苔原

小朋友们，你们知道什么叫苔原吗？我是一群小型多细胞的绿色植物，成片的苔藓被人类称作苔原。苔原主要分布在欧亚大陆北部和北美洲。

我的本领

我们一般都生长得比较密集，而且有较强的吸水性，因此能够抓紧泥土，这样就可以防止泥土的流失。我们还可以积累周围环境中的水分和浮尘，一些鸟类和哺乳动物还把我当做美食！小朋友，你觉得我的本领大吗？

留言板

苔藓的话

亲爱的小朋友，看到我的介绍你是不是有点惊讶，原来我有这么多本领呢！其实我离小朋友并不远，我就生活在你们身边。但是你们很少留意我吧！你们知道在哪里能找到我吗？

我想对苔藓说

____

浮力大的古老植物

水松

自我介绍	
科别	柏科
直径	60厘米～120厘米
高度	25米左右
分布地区	中国的福建、广西、广东、江西、云南
主要特点	材质轻软，孑遗植物

小朋友们好，我叫水松。我生活在湿地里，非常轻软，是稀有植物。2006年我还被国家邮政局选入《孑遗植物》邮票呢！

中国特有的植物

我的祖先在第三纪的时候广泛生长于北半球，可是到了第四纪冰期以后，在欧洲、北美、东亚和中国的大多数同类都灭绝了，仅残存水松一种，而且只分布在中国的东部和东南部的局部地区。而今我成为了中国特有的植物。

浮力大

我的木材材质轻软，非常耐水湿，因此人们经常把我当木材使

用。我的根部更加轻，比重为0.12，浮力很大，可以做成小朋友游泳用的救生圈哟！

植物活化石群

在福建省宁德市屏南县一个村子的一片高山湿地上，有我的家族成员72株，组成了世界上最大的水松部落群。我们株株都枝干挺拔，胸径在60厘米～80厘米。国内的很多专家前去考察，将我们水松林誉为“植物活化石群”。目前，我们是国家一级保护植物。

留言板

水松的话

亲爱的小朋友，水松是中国特有的植物，可是也为数不多了，希望你们保护我，保护自然环境！

我想对水松说

____

____

____

____

第三章

与恐龙同行的蕨类植物

绿色精灵

松叶蕨

自我介绍	
科别	松叶蕨科
直径	不详
高度	15 厘米～ 51 厘米左右
分布地区	热带和亚热带地区
主要特点	纤细，全身绿色，孢子繁殖要求严格

小朋友好，我是生长在热带和亚热带地区的松叶蕨，是最古老最原始的陆生高等植物呢！

形态特征

我是小型的蕨类植物，体型很纤细，高 15 厘米～ 51 厘米左右。我的根茎是圆柱形的，褐色，并且横向地生长着。地面上的茎则是直立生长的，绿色。我的叶子很小，长约 2 毫米～ 3 毫米，宽约 2.5 毫米。我的家族成员都是随遇而安的，岩石的夹缝中能看到我们的身影，也有依偎着大树的树干生长的，走到哪里，哪里便是我们的家！

绿色的小精灵

我的学名叫松叶蕨，而松叶兰、铁石松、铁刷把、石寄生、石

龙须这些便是我的别名了。我的全身都是绿色的，加上我的个子小，所以看上去特别像个绿色的小精灵！

爱干净、讲卫生

我孢子繁殖的过程要求特别的严格，需要在高温高湿的环境下。一切用品包括容器、栽植材料和室内的空气一定要严格消毒，并且还要保持清洁的卫生。在夏天干燥的季节，还要注意室内的保湿。是不是有点“苛刻”啊！

小医师

我还是个小医师呢！不信你看《泉州本草》就有对我的医效记载，“活血通经，逐血破瘀，祛风湿，利关节。治关节痛风，反胃呕吐。”怎么样，我厉害不厉害啊！

留言板

松叶蕨的话

亲爱的小朋友，我可是很爱干净、讲卫生的好孩子！妈妈是不是也经常告诉你要讲卫生啊？

我想对松叶蕨

____

挟叶相连

蟹爪叶盾蕨

自我介绍	
科别	水龙骨科
直径	不详
高度	20 厘米 ~ 45 厘米
分布地区	贵州、四川
主要特点	喜阴湿，叶子似蟹爪

小朋友们好，我是生长在山谷溪边或是灌木林下阴湿处的蟹爪叶盾厥。我的家族仅仅分布在贵州和四川，你去过我的家乡吗？

挟叶相连

我的叶子犹如一个个螃蟹的爪子，上面还有暗黄色的斑点，看上去非常威武！并且它们都挟叶相连，让人叹为观止！

每天都“喝水”

我可喜欢“喝水”了！在养殖我的时候需要每天浇水，以保持湿度。如果缺水我就会凋萎，此时对我急救的办法就是把盆侵入清水中，地上面的部分用喷壶给我补水。如果不是太严重，几个小时就能恢复了。如果 24 小时之内还没有好转，就将我凋萎的叶子剪掉，可能会重新萌发新叶。

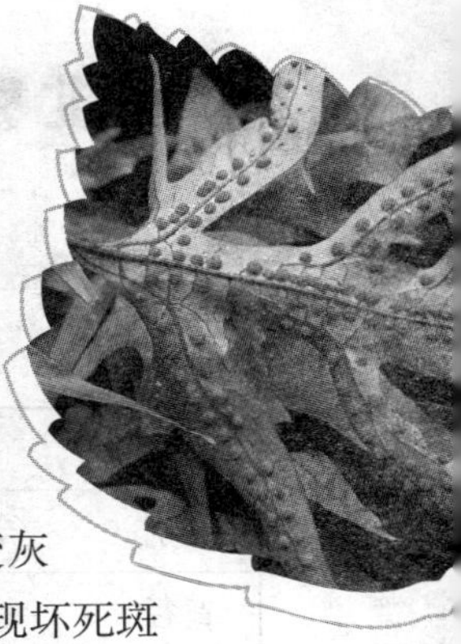

体内的钙镁等元素

小朋友，我很容易得“营养缺乏症”。在养殖的时候，你可以从我的身体状况看出我体内缺少什么元素！缺钙会抑制我的生长，使叶片发生扭曲，从叶尖处逐渐死亡；缺镁会使我的老叶逐渐变色，但奇怪的是，叶脉却仍保持深绿色；缺铁会使我的新叶变灰绿，然后逐渐变黄，叶脉衰老变黑；缺锰会使叶脉出现坏死斑点；缺硼会使顶芽死亡；缺铜会使叶色退绿，逐渐变黄，最后脱落死亡。针对我不同的情况，要及时给我补充这些营养元素哦！

在帮我补充营养元素的时候，要根据我身体情况不同，按需要给我施肥。要少施、勤施，切忌不要急于求成，否则，我的身体承受不了啊！

留言板

蟹爪叶盾蕨的话

小朋友，施肥不要急于求成，急于求成是一种不踏实的表现。做任何事情都一样，要脚踏实地，要一步一个脚印地去努力完成。

我想对蟹爪叶盾蕨说

____

亮相北京奥运会

鸟巢蕨

自我介绍	
科别	铁角蕨科
直径	不详
高度	100 厘米 ~ 120 厘米
分布地区	原产热带、亚热带地区，我国的两广、云南、海南有分布
主要特点	叶子朝外簇拥生长，“鸟巢”能收集营养

小朋友，你好，可能你对我有些陌生，但是提到北京奥运会的主场馆鸟巢你一定很熟悉吧？2008 年的北京奥运会，我也让很多人开始认识了我，因为我经过了层层筛选后，最终被选作奥运开幕式会场的主要植物之一呢，那可是我一辈子最高的荣誉啊！

名副其实

我的叶子都朝外簇拥生长，中间就形成了一个空空的“漏斗”，从外观看上去，特别像“鸟巢”，因此人们把我称作“鸟巢蕨”。小朋友，你们说我是不是名副其实啊！

发挥长处

你可不要小看我的“鸟巢”哟，我可以利用它收集空中的落叶和鸟粪，并把这些物质转化为腐殖质，不仅仅可以作为我的养分，还可以为其他的附生植物提供定居的条件呢！

一枝独秀

近年来，我在观叶植物中可以算得上一枝独秀了，因为我的叶色葱绿光亮，潇洒大方，野味浓郁，深受人们的青睐，悬吊在室内别具热带情调哦！

留言板

鸟巢厥的话

亲爱的小朋友，我很高兴能利用自己的优势，不仅给自己提供足够的养分，还能帮助其他的植物。帮助别人的同时自己也能收获快乐，所谓“予人玫瑰，手留余香”。那么，你能说说，你是怎么助人为乐的吗？

我想对鸟巢厥说

____

____

形如金狗头

金毛狗蕨

自我介绍	
科别	铁角蕨科
直径	不详
高度	3 米左右
分布地区	原产热带、亚热带地区，现中国的华东、华南、西南有分布
主要特点	根茎粗大，密布茸毛，孢子囊的盖坚硬

小朋友们好，我叫金毛狗蕨。我的根状茎粗大并且密密地长满金黄色软软的茸毛，形状特别像伏在地上的金毛狗头，所以叫“金毛狗蕨”，是不是很有意思啊！

生活环境

我生长在溪边或是林下的酸性土壤中，喜欢温暖并且湿度比较高的环境，害怕寒冷，也不喜欢炎炎烈日的照射。在中国的浙江、福建、两广等地，小朋友们能看到我家族成员的身影。

保暖起来好过冬

我很怕冷，冬天的温度要是低于 4℃以下的话，我就进入冬眠。如果温度在 0℃左右，我就有被冻死的危险。所以，在养殖我的时候，冬天需要把我放到室内阳光照射充足的地方。要是把我放在室外，也需要用塑料薄膜把我的全身包裹起来，但是每隔两天就要在阳光充足的时候给我把薄膜拿下来透透气，否则我会憋死。

止血的良药

我身上金黄色的茸毛还是止血的良药呢！中药的名字叫做“狗脊”。小朋友如果不小心，把皮肤擦破流血，那么只要在伤口处贴上一些我的茸毛，立刻就会止住血！是不是很神奇呢？

吉祥如意

我的身形高大、叶子姿态优美、坚挺有力，且有光泽，四季常青，颇具南国风情。人们把我培育成小型的盆景，送给亲朋好友。我新冒出的嫩芽像一条条如意绿棒，再配上金灿灿的狗头，是不是显得生机盎然？人们赋予了我吉祥如意的象征，我很骄傲！

留言板

金毛狗蕨的话

亲爱的小朋友，把我送给亲朋好友有吉祥如意的象征。在植物界中有许多植物都有着不同的象征意义，譬如牡丹象征着富贵。那么，你知道还有哪些植物有着什么特殊的象征意义呢？请告诉我好吗？

我想对金毛狗厥说

入地蜈蚣

七指蕨

自我介绍	
科别	七指蕨科
直径	不详
高度	30 厘米 ~ 55 厘米
分布地区	亚洲热带地区、澳大利亚
主要特点	肉质茎，孢子囊穗高于营养叶，叶子指向天空

小朋友们好，我是七指蕨。很高兴见到你们！或许你们对我有些陌生，没关系，慢慢地我会把自己介绍清楚的！

我的样子

我的茎是肉质的，向四周横走。接近我的顶部生长出一两片叶子，负责吸收营养，人们把它们称作“营养叶”。我的叶片是由三裂的营养片和一枚直立的孢子囊穗组成的，孢子囊穗往往比营养叶高。

入地蜈蚣的由来

我分布在亚洲的热带地区和澳大利亚，在中国的台湾、云南、海南你也能找到我的身影。

我生长在湿润疏松的林子里，我的根含有豆甾醇，岩蕨甾醇，

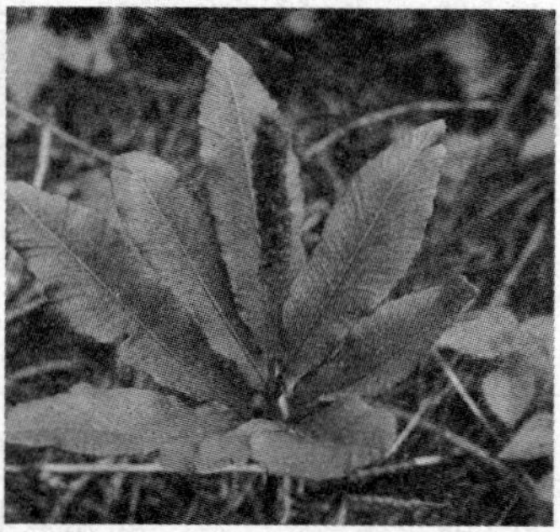

卫矛醇，还含有入地蜈蚣素A、B、C、D。味道比较苦，主治：清肺化痰、散瘀解毒、咽喉痛、跌打肿痛、毒蛇咬伤。因为我的根含有入地蜈蚣素，所以人们才给我起了个“入地蜈蚣”的名字！

南洋人的钟爱

在南洋各地，人们都非常喜爱我，因为我的叶子都指向天空，成为一个杯子形状，非常美观。在日常生活中，他们还把我的叶子当做美味的蔬菜来食用呢！

留言板

七指蕨的话

亲爱的小朋友，是不是很奇怪我还可以当做蔬菜食用呢？在植物界中有些植物的果实、叶子都是能食用的，说说你还知道哪些？

我想对七指蕨说

____

____

____

别致逗人

鹿角蕨

自我介绍	
科别	鹿角蕨科
直径	不详
高度	40 厘米左右
分布地区	非洲、亚洲、大洋洲和南美的热带、亚热带雨林中有分布
主要特点	孢子叶形状像鹿角，喜温湿，怕寒冷，怕阳光直射

小朋友们好，我叫鹿角蕨。我的故乡远在澳大利亚的东部，现在在中国各地的温室里你也能找到我！

别致逗人的“鹿角”

我的孢子叶的形状十分像梅花鹿的鹿角，别致逗人。人们经常让我贴在古老的朽木上生长或是把我放在吊盆中，点缀书房、客厅、阳台，别具情调。

我的习性

我还有另外两个名字：蝙蝠蕨、鹿角羊齿。我喜欢温暖阴湿的环境，害怕阳光直射，我最喜欢透过大树的缝隙斜射进来的阳光。我冬天需要温度保持在10℃以上。当温度降到4℃以下，我就开始休眠了。若是温度接近0℃的时候，我就会因冻伤而死亡。我具有世代交替的现象，孢子体和配子体都可以独立生活。

艰难的生存环境

我是地球上非常稀有的物种。近年来人们在云南的热带雨林中发现了我和我的家族。我们的分布区域非常狭窄。我们附生在大树上，由于森林受到严重破坏，附生母树常遭刀斧之灾，生态系统逐渐失调，我的生存环境变得越来越艰难了。

我的分类

我在全世界的分类有16种之多，主要有肾形鹿角蕨、三角叶鹿角蕨、瓦斯鹿角蕨、大鹿角蕨、硬叶鹿角蕨、银叶鹿角蕨、冠状鹿角蕨、沃尔切鹿角蕨、女皇鹿角蕨、重裂鹿角蕨。

保护措施

我们在中国的分布虽然很稀少，但是因为我们的出现，对于人类研究蕨类植物有一定的意义哟！我们家族的个别成员已从产区移植到昆明植物园温室中的枯木林，已栽培成活，生长正常。云南盈江那邦坝也已经规划为自然保护区，正在建立保护机构，我们可望全部都被保护起来。

留言板

鹿角蕨的话

亲爱的小朋友，看完我的介绍，你们是不是觉得我很娇气呢？我害怕寒冷是由于出生环境影响的，因为我从小就生长在热带或是亚热带地区，因此在寒冷的环境中我只能在温室中生长。小朋友，你们可不要向我学习哟，温室中的花朵是经不起外界的风吹雨打的！

我想对鹿角蕨说

____

____

____

____

小型叶蕨

中华水韭

自我介绍	
科别	水韭科
直径	不详
高度	15 厘米～ 30 厘米
分布地区	长江下游局部地区
主要特点	生长在沼泽地，没有复杂的叶脉组织

小朋友们好，我叫中华水韭，是濒临灭绝的植物哦！快来认识一下我们吧！

形态与习性

我的样子有点像水仙，线状的叶子都直立地向上生长着。我喜欢亚热带那种温和湿润、春夏多雨、冬天晴朗比较寒冷的气候。我生活在浅水池塘和山沟淤泥里。有的时候人们把我当做沼泽的指示植物，看到我，就会小心沼泽的危险！

小型叶蕨

我是经第四纪冰川后残存下来的孑遗植物，在分类上属于小型叶蕨类。但我不同于其他成员如石松、卷柏、木贼，我没有复杂的叶脉组织，因此人们觉得我在系统演化上有一定的研究价值。

我是重点保护对象

我是中国特有的种类，在江苏南京，安徽休宁、屯溪、当涂，浙江杭州、诸暨、建德、丽水等地都能找到我的影子。由于人类进行农田生产建设和养殖业的发展，还有自然环境的变迁和水域的消失，我在很多地方已经消失了，现在处于濒临灭绝的危险境地，国家已经把我列为一级重点保护对象了。

中华水韭群落

2008 年 9 月，在万佛山的侗寨风景名胜区七星山景区山间沼泽地里，人们找到了我的家族成员。我们占地面积 200 多平方米，形成了中华水韭群落。加上该景区其他地方的分布，目前我们水韭家族成员在这里占地已经达到 30 多平方公里。我的家族成员在国内分布最广、最集中的地方就是这个风景区了。

留言板

中华水韭的话

亲爱的小朋友，我既是蕨类植物，也属于水生植物。通过我的介绍你们对我有些了解了吧？国家把我列为一级保护的对象，这样才能更好地保护我。小朋友，你知道都有哪些植物是国家一级保护的对象呢？

我想对中华水韭说

____

地处“华西雨屋”
光叶蕨

自我介绍	
科别	蹄盖蕨科
直径	不详
高度	15 厘米～ 30 厘米
分布地区	四川盆地
主要特点	喜阴湿，不同时期对于光线的要求不同

大家好，我叫光叶蕨。我生长在四川盆地西边的山地里，地处“华西雨屋”的中心地带！快来了解一下我吧！

光叶蕨并不“光”

小朋友，从我的名字上看，你一定以为我没有叶子吧？其实我的叶子可是非常密密地生长着，就像一个个小鳞片呢！

生长环境

我的生长地，一年 365 天中有 280 天都是被白色云雾笼罩着，一年里我能接受日照不超过 1000 小时；年平均温度在 6℃ ~ 8℃，最高气温 28℃，最低气温 −16℃；年降雨量 1800 毫米～ 2000 毫米，相对湿度为 85% ~ 90%。我不同的生长时期对于光线的要求是不同的。我在生长初期要避免强光的照射，可是在休眠时期我喜欢阳光充足些。光线不足时，我就开始显得衰弱和萎蔫。

处境危险

1963 年，人们在四川的团牛坪发现了我。当人们在 1984 年再次“拜访”我时，惊讶地发现只有极少数幸存者在灌木丛里了。这是由于人类对于森林的过度砍伐，生态遭到了严重的破坏，从而使我陷入了灭绝的危险境地。

研究价值

我也是中国特有的蕨类植物，介于蹄盖蕨属与冷蕨属之间，因此科学家们认为我具有一定的研究价值。

留言板

光叶蕨的话

亲爱的小朋友，因为我生长条件的特殊需要，所以我不能接受太多的光照，但是我的内心却是很乐观的。因为妈妈告诉我，只要心里充满着阳光，那么什么事情都不会难倒。小朋友，你说对不对呀？

我想对光叶蕨说

植物中的“小宝贝”
狭叶瓶尔小草

自我介绍	
科别	瓶尔小草科
直径	不详
高度	20 厘米 ~ 70 厘米
分布地区	中国、朝鲜、日本、俄罗斯
主要特点	茎很短，叶子形态不同、功能不同，生长环境特殊

小朋友们好，我叫狭叶瓶尔小草。我的家族成员分布的地区虽然广，但是却非常稀少。快来了解一下我吧！

两种不同形态的叶子

我的叶子长得让人觉得很奇怪，有两种不同的形态，并且它们的功能不同。宽并且大的叶子叫做营养叶，可以进行光合作用，主要负责制造营养；还有一种叶子像棒状，外表有两行孢子囊产生孢子，叫做孢子叶。人们把同株上叶子的形态和功能不同的现象叫做“二型叶”。

国家三级保护植物

我是厚囊蕨纲的小型成员，对于人类研究蕨类系统发育有一定

的价值，也是中国国家三级保护植物。要是你目睹我的生活环境，你不难理解我为何能列入保护植物行列了。我的生长环境特殊，在长白山天池温泉附近，这里冬天的温度在 −40℃以下，而且散发着蒸汽的温泉常年累月的流过，水里含有多种矿物质。特殊的环境注定我们形成特殊的形态，因此我能成为国家级的保护植物并不稀奇吧！

适应能力强

我的个子只有 20 多厘米，我的伙伴中最高也不过 70 厘米。我的茎很短，向四周匍匐着横走。别看我们不高，但是我们却有着很强的适应能力。我们喜欢气温低、湿度大的环境，能在贫瘠的土地中很好地生长，石缝中我们也可以成长。因为我的个子小，是植物中的“小宝贝”，所以很容易被人们踩到。小朋友，要是你们看到我，一定要小心哟！

留言板

狭叶瓶尔小草的话

亲爱的小朋友，看到我的叶子呈现两种不同的形态，看似矛盾的样子，很有意思吧？但是矛盾的性格却不是很好哟！你的性格如何呢？

我想对狭叶瓶尔小草说

天然大伞

桫椤

自我介绍	
科别	桫椤科
直径	10厘米～20厘米
高度	1米～6米
分布地区	台湾、福建、广东、广西、贵州、四川、云南、西藏
主要特点	树冠大，似伞，适应能力差

小朋友好，我叫桫椤。我是现存的唯一木本蕨类植物，特别珍贵，因此人们把我列为国家一级保护植物，堪称“国宝”！

天然的大伞

我喜欢生长在山沟的潮湿坡地或是溪边阳光充足的地方。我的树冠很大，就像一个天然的大伞！小朋友看看我们的照片，像不像呢？

我的避难所

距今1.8亿年前，我曾是地球上最繁荣的植物，与恐龙一样，同属那个时代的标志。但是经过漫长的地质变迁，我的家族成员大多都“殉难”了，只有极少数在所谓的“避难所”幸存下来，所以人们才能追寻到我们的踪影。

傻子带原始雨林

我名列中国国家一类8种保护植物之首呢！闽南侨乡南靖县乐主村旁，有一片傻子带雨林，它是中国最小的森林生态自然保护区，为“世界上稀有的多层次季风性傻子带原始雨林”，在那里你可以看见我们家族成员的身影。

我的适应能力不是很强，主要由于我没有像其他植物那样完整的根系，因此在这个变化多端的环境中很难适应。

留言板

桫椤的话

小朋友们，你看我虽然经历了无数的沧桑，但是由于我的根基不牢固，所以很难适应各种环境。高楼始于根基，你们一定要好好学习，把基本功练好，这样才能在今后的学习中取得更好的成绩！

我想对桫椤说

____

____

九死还魂草
卷柏

自我介绍	
科别	卷柏科
直径	不详
高度	5 厘米～18 厘米
分布地区	干燥的岩石缝隙中或荒石坡
主要特点	极耐干旱，遇水则生

小朋友们好，我叫卷柏。我有个九死一生的传奇本领，你们想听听吗？

极耐干旱

我生长的环境很特殊，是在干燥的岩石缝隙中或荒石坡上生长的。在这样恶劣的环境中，水分的供给得不到保障，我只能偶尔喝些沿石缝滴进的雨水。但是我有生存绝技，就是有水则生，代代相传，繁衍不息。

复苏植物

我的生死随着水分的有无交替着。在我生的时候，枝叶舒展，翠绿可人，尽量吸收难得的水分；一旦水分失去供给，我的叶子就卷曲抱团，并且失去绿色，就像枯死了一样。人们把我称作为“还魂草”、“长生草”，科学家把我称作“复苏植物”。

九死还魂的奥秘

我这个“还魂”的本领奥秘在于我的细胞能随机应变。当干旱的时候，我全身的细胞处于休眠状态，新陈代谢几乎全部停止，就像死去了一样。得到水分后，全身细胞又恢复了正常的生理活动。我这个“神功”其实也是被逼出来的。因为我生长的环境恶劣，为了能在这样的环境中生存下来，我就逼迫自己练就了这个本领。

留言板

还魂草的话

小朋友们，看到我的传奇本领，你是不是很惊讶呢？你只有从小学会本领，长大后才能更好地生存。从现在起就要不断地学习，不断地充实自己！

我想对还魂草说

____

____

____

铁蜈蚣

海金沙

自我介绍	
科别	海金沙科
直径	不详
高度	不详
分布地区	中国大部分地区，主要分布在广东、浙江
主要特点	孢子细小、均匀，可以增加人体胆汁中水分的分泌

小朋友们好，我叫海金沙。也许这个名字你不熟悉，但是著名饮料“王老吉”，小朋友一定听过吧？我与王老吉有什么关系呢？下面马上告诉你！

形态特征

我的根状茎是黑褐色的，比较细长，横向无限生长。我的叶子大多数生长在短枝的两侧，呈三角形。

生活环境

我生长在山坡草丛和灌木丛中，中国大部分地区都能找到我的影子，但大多生活在广东、浙江。我的别名有铁蜈蚣、金砂截、罗网藤、铁线藤、蛤唤藤、左转藤。

我与饮料“王老吉”

小朋友，你们知道著名的饮料“王老吉”吗？“王老吉”能深受人们的喜爱，有一大半功劳要归功于我呢，因为我是“王老吉”饮料中最主要的原料。

利胆的作用

我有利胆的作用，可以增加人体胆汁中水分的分泌。我利胆的强度和去氢胆酸相似，但克服了去氢胆酸引起的肝劳损和利胆减退不良反应，毒性也比较低。

留言板

海金沙的话

亲爱的小朋友，把我的孢子粉末点燃会起很高的火焰，并且还有响声，看上去很好玩的样子！但是，小朋友可不能随意玩火，一不小心就会造成灾难哟！

我想对海金沙说

____

____

第四章

大自然中的舞者

爱的代表 玫瑰

自我介绍	
科别	蔷薇科
直径	不详
高度	花朵高度约为 5 厘米 ~ 8 厘米
分布地区	温带地区
主要特点	花柄带刺，味芳香

小朋友们好，我是玫瑰。我有很多漂亮的衣裳，粉红色、红色、黄色、白色、蓝色等，你喜欢我吗？

形态特征

我和月季、蔷薇并称为蔷薇科中的“三杰”。我是落叶灌木，枝杆上有很多刺，所以大家都叫我“刺客”。其实我一点都不可怕，我长得很漂亮呢！我的叶子很奇怪，是奇数的，很像羽毛，表面上有很多的皱纹。我的花色很丰富，有粉红色、红色、黄色、白色。现在有了更多颜色呢，比如：蓝色、黑色等。

我的孪生小姐妹

我和月季长得很像，就和孪生小姐妹一样，很多人都已经把月季当成我了。小朋友，你们想知道我和月季哪里长得不一样吗？首先，我比月季妹妹的叶子宽且厚。我的小叶是 5 片～ 9 片，而月季妹妹的小叶是 3 片～ 5 片；其次，月季妹妹的直径比我大。

身价贵比黄金

小朋友们，你们可别小看我，我的身价贵比黄金呢！从我的体内可以提炼香精玫瑰油，玫瑰油要比等重量黄金价值还要高，所以，我有“金花”的美称。我还可以应用于化妆品、食品、精细化工等工业。

我的荣誉——国花

另外，我是美国、英国、保加利亚、卢森堡、西班牙这些国家的“国花”。

留言板

玫瑰的话

亲爱的小朋友，我已经告诉你们我和月季妹妹长得不同之处了，你清楚了吗？周末你若和妈妈去公园玩，你把我和月季不同的地方讲给妈妈听吧！

我想对玫瑰说

____

云裳仙子

百合花

自我介绍	
科别	百合科
直径	不详
高度	40厘米～60厘米
分布地区	亚洲、北美洲、欧洲、大洋洲
主要特点	种类繁多，形态各异，颜色鲜艳

小朋友，你们好，我的中文名字叫百合。我还有一个很好听的英文名字——Lily，好多女孩用我的名字起名字呢！快来了解一下我吧！

鹿子百合

百合花的种类很多，各具风情，主要品种有麝香百合、卷丹百合、美丽百合、山丹百合等。百合有白色和淡红两种颜色，花瓣上有玫瑰色花纹和斑点，就像梅花鹿身上的斑纹，因此有“鹿子百合”的美称。

花开二度

我在花开之后，很多人就把球根扔掉，其实它仍有再生的能力，只要将残叶剪掉，把盆里的球根挖出另用沙堆埋藏，经常保湿不要暴晒，到了第二年再种一次，就可望花开二度。

云裳仙子

因为我的外表高雅纯洁，所以人们把我称作“云裳仙子”。天主教把我作为玛利亚的象征。而在梵蒂冈，我象征着民族团结，经济繁荣。梵蒂冈封我为国花。

百合之国

有“百合之国”之称的法国，历代君王都以我为王权的象征，从路易七世的百合军旗，查理八世的百合印章，路易九世的百合徽章，到路易十四的金百合和银百合钱币，近1500年间，我与法兰西王国可谓兴衰相关、荣辱与共。

留言板

百合的话

小朋友们，我喜欢Lily这个英文名字，你们喜欢吗？那么小朋友你的英文名字叫什么啊？它有什么特别的含义吗？能不能告诉我呀？

我想对百合说

____

花中君子

兰 花

自我介绍	
科别	兰科
直径	不详
高度	20 厘米～ 40 厘米
分布地区	中国长江流域及西南部省区
主要特点	气味清香

小朋友们好，我是兰花。从古至今，人们对我的评价可高啦！在人们心中，我是美好、高洁、贤德的“代言人”！

形态特征

我的身高 20 厘米～ 40 厘米，根肉质肥大，没有根毛，具有假鳞茎，人们俗称它为“芦头”。通常多个假鳞茎连在一起，成排同时存在。我的叶子有的直立，有的下垂，形状像一把剑。我的花有雌雄之分，具有清香的气味。

四清

我是中国传统的名花之一，因为花的味道清香而在众花之中脱颖而出。我具备四清——气清、色清、神清、韵清，深受人们的喜爱！

花中君子

古代诗人对我的喜爱之情更是不加掩饰，对我的品性评价极高，把诗文之美喻为“兰章”；把友谊之真喻为“兰交”；把良友喻为“兰客”；把我比喻成“花中君子”。

兰之分类

由于我的原产地在中国，因此我也被称作“中国兰”。我有个很高的荣誉呢，就是被评为“中国十大名花”的第一名。我主要分为五大类：春兰、蕙兰、建兰、寒兰、墨兰。

留言板

兰花的话

小朋友，我们兰花自古被许多诗文歌颂，你能说出一两句来吗？

我想对兰花说

____

____

____

君子风姿

君子兰

自我介绍	
科别	石蒜科
直径	不详
高度	0.5 米左右
分布地区	原产非洲南部高海拔地区
主要特点	叶子形状似剑，观赏价值高

小朋友们好，我是君子兰。我的外表俊秀，有君子风姿，花如兰，因此人们给我起了这个很好听的名字！你觉得我的名字如何？

形态特征

我文雅俊秀，叶子像一把剑，花序像一把小伞，每个花序有小花 7 朵～ 30 朵，最多的可以开出 40 多朵小花！我的颜色有黄色和橘黄色，美观大方！

君子兰分类

目前有六种君子兰被南非君子兰协会承认，分别是垂笑君子兰、大花君子兰、细叶君子兰、有茎君子兰、奇异君子兰、沼泽君子兰。中国君子兰都属于大花君子兰，花色以红色和橘色为主。

神奇的光合作用

我的身体由许多细胞组成，在每个细胞里都有一个“微电池”，并且每个细胞内外都存在着 70 毫伏～ 80 毫伏的电位差。在阳光的作用下，叶肉细胞内的“微电池”能放出高能电子来，然后进行光合磷酸化反应。这就是叶绿素在阳光作用下，吸收二氧化碳和水，合成氧气。

我是个“吸尘器”

小朋友，当你置身于君子兰的花丛中，你会感到空气新鲜，身心舒畅，精力充沛。知道奥秘在哪里吗？主要是我能净化空气！我宽大肥厚的叶子上有很多气孔和绒毛，能分泌出大量的粘液，经过空气流通，能吸收大量的粉尘、灰尘和有害气体。你们说我像不像一个“吸尘器”啊！

留言板

君子兰的话

小朋友们，古话说：“有才有德才是真君子。”在学校，一个好孩子，不仅要学习好，而且还要品德好。你们觉得那些品德是值得提倡的呀？

我想对君子兰说

神如诸葛

二月兰

自我介绍	
科别	十字花科
直径	不详
高度	20 厘米 ~ 70 厘米
分布地区	广泛生长在中国东北、华北地区
主要特点	花色随花期变化

小朋友们好，我叫二月兰，你们能猜出我是几月出生的吗？没错，我是农历二月的时候开始开花，因此人们把我称作“二月兰”！

魔法师

我的叶子边缘不整齐，像锯齿似的。花在刚开始时多为蓝紫色或淡红色，随着花期的延续，慢慢地变淡，最终变为白色。小朋友，你说我像不像一个神奇的魔法师？我生命力特别顽强，广泛生长于平原、山地、路旁、地边。

比美论贵

虽然我没有牡丹的富贵，没有桂花的香气迷人，但是我具有谦卑质朴，无私奉献的精神。后来人们把我作为教师节的礼物送给辛勤耕耘的老师，蕴涵着老师无私奉献的精神。

神如诸葛

据说，在三国时期，诸葛亮为了解决军队粮草所需，便到民间考察。从一个老农那里得知我不仅可以新鲜食用，而且也可以腌制储备，于是命令士兵开荒种植，既可补充军粮，也可作饲料，大大解决了粮草问题。后来人们便把我叫做“诸葛菜”。

留言板

二月兰的话

小朋友，尊师重教是我们中华民族的传统美德。老师不仅仅教会我们知识，还教会我们做人的道理，因此我们要尊重老师。

我想对二月兰说

____

____

人间四月天

杜鹃花

自我介绍	
科别	杜鹃科
直径	不详
高度	10 厘米 ~ 100 厘米
分布地区	亚洲、北美洲、欧洲、大洋洲
主要特点	种类繁多，形态各异，颜色鲜艳

小朋友们好，我是杜鹃花。我在世界的分布中，要说种类最多，数量最大的国家，非中国莫属了。中国可是世界杜鹃花的宝库呢！我是中国十大名花之一，很多诗人都用优美的诗句赞美过我呢！

形态特征

我花繁叶茂、绚丽多姿、萌发力很强。我喜欢酸性的土壤，并且能与土壤中的真菌共生，这些真菌可以把它们分解的有机质供我使用。我的枝条平滑，叶子的形状有很多，有椭圆形、卵形、披针形、倒卵形等。有些叶子上面密布着茸毛，有的叶子上则光滑无毛。我的花颜色五彩缤纷，有红、紫、黄、白、粉、蓝等颜色。

花海之心

中国贵州西部黔西县与大方县的交界处，有一片延绵 50 公里的自然野生杜鹃林。那里因为杜鹃的种类繁多，被称为“地球的彩带、世界的花园”。而大方县因为我而被誉为“杜鹃王国”、“花海之心”，黔西县更是被誉为“杜鹃花之都”。多年来，当地的杜鹃管理委员会不断加大旅游的开发力度，使我的存在给当地居民带来了不菲的收入。

美丽的神话

相传，古代的蜀国是一个和平富庶的国家，人们过着衣食无忧的生活，但这样的生活让那里的人们渐渐懒惰起来，竟连播种的时间都忘记了。勤勉的君王杜宇看到这种情形非常着急，每当春播的时候他就催促人们赶快播种，最终劳累成疾，告别了百姓。他的灵魂最终化成一只小鸟，每到春天就四处飞翔，发出声声的啼叫：快快布谷，快快布谷，直叫得嘴里流出鲜血。鲜红的血滴洒落漫山遍野，化成一朵朵美丽的鲜花。最终人们被感动，把那些花叫做杜鹃花。

留言板

杜鹃花的话

小朋友们，听完这个美丽的神话故事你感动吗？“一寸光阴一寸金，寸金难买寸光阴”，这句古话就是告诉人们一定要珍惜时间！小朋友，对于每天的时间你有合理的安排吗？

我想对杜鹃花说

母亲之花 康乃馨

自我介绍	
科别	石竹科
直径	不详
高度	50 厘米左右
分布地区	欧洲温带和中国的福建、湖北等地有分布
主要特点	花色多样且鲜艳，气味芳香

小朋友们好，我是康乃馨，是世界很普遍的花卉之一。我是母爱的象征，人们经常在母亲节把我作为礼物送给亲爱的妈妈！

形态特征

我的身高 50 厘米左右，茎是灰绿色的，丛生而且很坚硬。我的叶片很厚，对称生长着，茎叶与中国石竹相似而且比较粗壮，上面密布白色的粉。我的花比较大，而且气味清香，花瓣不规则，边缘有齿，有单瓣的，也有重瓣的。颜色有红色、粉色、黄色、白色等。

一张邮票

1934 年的 5 月，美国首次发行母亲节的邮票使我名声四起。邮票图案是一幅世界名画，画面上一位母亲凝视着花瓶中插的康乃馨。

邮票的传播把我和母亲节就这样很自然地联系在一起了，于是西方人约定俗成地把我定为母亲节的节花。

母爱之花

我代表爱、魅力和尊重之情。相传是圣母玛利亚看到耶稣受到苦难流下伤心的泪水，眼泪掉下的地方就长出来康乃馨，因此康乃馨成为不朽的母爱的象征。与玫瑰不同的是，我代表的爱更温馨，适合形容亲情之爱，所以最适合儿女将我送给父母。

留言板

康乃馨的话

小朋友们，母爱是这个世界上最无私的爱。从小到大，妈妈在你身上倾注了很多的心血，所以你们要做一个孝敬父母的好孩子，在日常生活中帮妈妈做些力所能及的小事。小朋友，今天你帮妈妈做事了吗？

我想对康乃馨说

____

____

太阳之花
向日葵

自我介绍	
科别	菊科
直径	不详
高度	3 米左右
分布地区	原产北美洲，现世界各地均有
主要特点	抗逆性强，随着太阳转动而转动

小朋友们好，我是向日葵。你应该见过我吧！对我的印象如何？喜不喜欢我呢？

形态特征

我的身高 3 米左右，茎粗壮而且直立地生长着，上面密布着粗硬白色的毛。我的叶子通常是互生的，有的像心状卵形，有的像卵圆形。叶子的两面都很粗糙，上面长着密密的毛。我的花盘生长在茎的顶端，花盘上有两种花，即舌状花和管状花。花盘四周边缘的 1 ~ 3 层就是舌状花，它具有引诱昆虫前来采蜜授粉的作用。舌状花内侧的就是管状花了。

无限生机的太阳花

我的花就像是一个光芒四射的太阳，花随着太阳的转动而转动，因此也称作“太阳花”。小朋友，你们一定好奇我为什么能随着太阳的转动而改变方向吧？别急，我来告诉你。在阳光的照射下，生长素在我背光一面含量升高，刺激背光面细胞拉长，从而慢慢地向太阳转动。在太阳落山后，生长素重新分布，又使我慢慢地转回起始位置，也就是东方了。你明白了吗？

抗逆性

我有很强的抗逆性，在盐碱地我也可以生存。我不仅有耐盐碱的功能，而且还有吸收盐的性能。耐旱主要是因为我的根系发达，能吸收深层土壤中的水分。另外，我的茎秆内充满海绵状的髓，能储存水分。同时，我的茎上密生刚毛，叶面有腊质层，能减少水分的蒸腾。

留言板

向日葵的话

小朋友们，有一个著名画家画了一幅蜚声世界的向日葵，你知道他是谁吗？

我想对向日葵说

____

____

国庆之花

孔雀草

自我介绍	
科别	菊科
直径	不详
高度	30厘米～40厘米
分布地区	原产地墨西哥
主要特点	颜色多，向阳生长，夏天生长不良，花期较长

小朋友们好，我叫孔雀草。“太阳花”这个名字曾经是属于我的，最后被向日葵抢走了。想知道我的故事吗？快往下读吧！

红黄草

我开花时，在矮墩墩多分枝的棵上，黄色的花朵布满梢头，显得绚丽可爱。我的花外轮为暗红色，内部为黄色，所以俗称“红黄草”。后来，除红黄色外，人们还培育出纯黄色、橙色等品种，我变得色彩绚丽起来，上面还有红褐、黄褐、淡黄、紫红色斑点等。我的形状像万寿菊，但是花朵比较小且繁多。

国庆之花

由于一串红承受不了“五一”的低温，又经不起“十一”的早霜，盛夏的酷暑使它成为半死状态。而我可以从“五一”开到“十一”，因此，我逐渐代替了一串红，成为了花坛主体花卉。我的橙色和黄色的花特别亮丽醒目，因此给节日添加了不少生机。

夏季生长不良

很多花在夏天生长得很快，而我却在夏天几乎是生长不良的。因为我怕高温，所以在夏天生长势头减弱，开花数量减少。但是天气转凉的秋季，在地面上生长的我可以恢复良好的生长并开花。因此，人们会在秋天的时候将我的嫩芽扦插，一周后我就可以生根，然后把我放在盆中，我可以快速地生长并不断开出鲜艳的花，这样就能赶上“十一”国庆庆典了。

留言板

孔雀草的话

小朋友们，你知道中华人民共和国是哪一年成立的吗？

我想对孔雀草说

____

____

____

个头冠军

海紫苑

自我介绍	
科别	菊科
直径	不详
高度	150 厘米左右
分布地区	全世界各地广泛分布
主要特点	适应能力极强，耐寒性强

小朋友们好，我叫海紫苑。想知道人们为什么称我为“柔软之花”吗？快往下读吧！

形态特征

我身高150厘米左右，茎是直立生长的，表面上有浅沟，茎的上部有分枝，分枝上有稀疏的短毛，下部光滑无毛。我开花的时候，叶子会逐渐脱落。我的花分为舌状花、管状花两种。边缘蓝紫色的是舌状花，而中央黄色的就是管状花了。我的果实很瘦而且扁平，一侧弯凸，一侧平直。

适应力强

我的适应能力非常强，一点也不娇气，在很多植物都无法生存的盐碱地和海埔新生地我都可以深深地扎根。人们觉得我的个性很柔软，因此称我为“柔软之花”。

医病郎中

小朋友，我还是个医病的郎中呢！因为我温而不热，润而不燥，所以可以止咳化痰，主治咳嗽，无论内伤，还是外感、寒热都可以医治。怎么样，我很厉害吧？

留言板

海紫苑的话

小朋友们，我具有很强的适应能力，在北方寒冷的冻土里我也能过冬。因为我的性格柔软，所以人缘也很好。你的人际关系怎么样呢？当你和别的小朋友发生不愉快时，你会怎么处理呢？

我想对海紫苑说

____

____

勇气之花

欧石楠

自我介绍	
科别	杜鹃科
直径	不详
高度	不详
分布地区	原产非洲南部和欧洲北部
主要特点	叶与花朵很小，耐寒性强

小朋友们好，我叫欧石楠。在全球我有700多个品种，其中大部分都产自南非，因此人们把我称作“南非特种的皇后”！

出奇的袖珍

我是一种不怕冷的寒带小灌木。为了适应环境，我的叶子都变得又细又小。花朵也是出奇的袖珍，每一朵花都是铃形，直径还不到0.5厘米，玲珑无比。我是杜鹃科的植物，花色有白色、桃红、还有紫色。

勇敢的我

在冰天雪地的北欧，小小的我挺着娇小身躯，倔强地生长在荒原上。漫山遍野，从不凋萎，在万物枯槁的极地冰原，为驯鹿们带来洌洌严冬里温馨的食粮。勇敢、无私，白色、桃色、紫色的小花盛开在雪地里，为皑皑冰原装点出美丽的春色。

勇气的象征

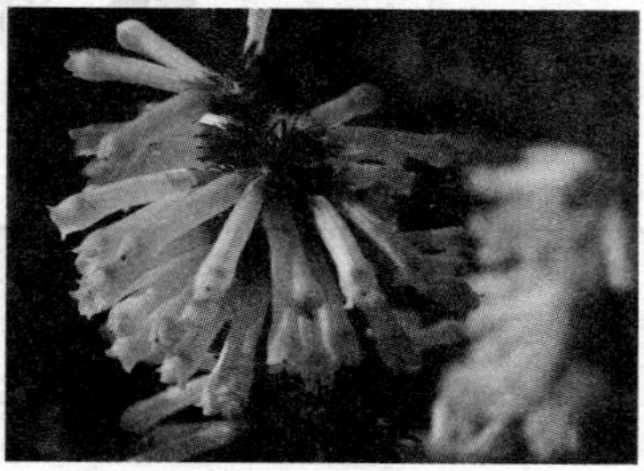

因为我是生长在荒凉野地的植物，是一种在恶劣的环境中能勇敢生长的植物，因此人们赋予了我勇敢的含义。

留言板

欧石楠的话

小朋友们，我寓意勇敢，你是一个富有勇气的人吗？说一件你觉得最有勇气的事情吧！

我想对欧石楠说

____

____

____

____

毅力之花

非洲菊

自我介绍	
科别	菊科
直径	不详
高度	30 厘米 ~ 40 厘米
分布地区	主产南非，少数分布在亚洲
主要特点	花色鲜艳，根易腐烂

小朋友们好，我是非洲菊，我的故乡远在南非，也就是 2010 年世界杯足球赛的举办地，快来认识一下我们吧！

三个类别

我的品种分为三个类别：窄花瓣型、宽花瓣型和重瓣型。常见的有“玛林”黄花重瓣；“黛尔非”白花宽瓣；“海力斯”朱红花宽瓣；“卡门”深玫红花宽瓣；“吉蒂”玫红花瓣、黑心。目前尤以黑心品种深受人们喜爱。

美中不足

我的花色彩美艳，讨人喜爱，但是美中不足的是我的根总是爱腐烂，那是什么原因造成的呢？主要是由于根部发生了根腐病，一旦发病难以根治。产生根腐病的外部条件是由于根部土壤湿度过大，根部长期积水，或者长期降雨，从而引起我的死亡。

扶郎花

我还有个名字叫扶郎花，象征互敬互爱，有毅力、不畏艰难。有些地区喜欢在结婚庆典时用扶郎花扎成花束布置新房，取其谐意，体现新婚夫妇互敬互爱之意。

留言板

非洲菊的话

小朋友们，有些地区在结婚庆典上会用到我。在结婚庆典上你还见过哪些花卉呢？

我想对非洲菊说

____

____

____

____

分类最受争议的植物
幌菊

自我介绍	
科别	玄参科
直径	不详
高度	10 厘米～ 30 厘米
分布地区	原产北美加利福尼亚州
主要特点	耐旱性不强，怕热

小朋友们好，我叫幌菊，听到我的名字，你一定会毫不犹豫地认为我是菊科家族的一员了吧！哈哈，那你猜错了。没关系，我的名字也曾经迷惑了学者们呢！

分类有争议

我的别名是粉蝶花、婴眼花。我的名字的确有些幌子的感觉，人们或许都以为我是菊科家族的成员呢！其实我是玄参科，在我的分类上，学者们也有争议。

我的习性

我的花有底，是亮蓝色，花心是白色。还有白底，花心是黑色或是蓝色的。春秋两季是我的生长旺季，高温的夏天我就进入了休眠状态。在养殖我的时候，要注意控制肥水。冬天是我的休眠期，更要控制好肥水，尽量安排在晴天中午温度较高的时候给我浇水。

花坛的知名度

我的故乡在北美的太平洋沿岸，在园林中经常被人们用作花坛用花，同时是北美传统花坛的边缘用花。因此我在花坛的知名度还是挺高的呢!

留言板

幌菊的话

小朋友，我是“名不副实”的，我的名字有“菊”字，但是我却是玄参科的。那么小朋友，你还知道哪些“名不副实”的植物呢？请举个例子！

我想对幌菊说

花开富贵

牡 丹

自我介绍	
科别	芍药科
直径	10 厘米 ~ 30 厘米
高度	1 米 ~ 3 米
分布地区	中国西部秦岭和大巴山一带山区
主要特点	观赏价值高，历史悠久，花色鲜艳

小朋友们好，我是牡丹。我的历史非常悠久，象征着富贵如意，许多人都非常喜欢我！

形态特征

我的根系很发达，很少有分枝和须根。我的茎在嫩的时候是黄褐色的，老茎则变成灰褐色了。我的花生长在茎顶端，花色有白、黄、粉、红、紫及复色，花的直径在 10 厘米 ~ 30 厘米，有单瓣、复瓣、重瓣和台阁性花，花萼有 5 片。

洛阳牡丹甲天下

我的故乡在中国，河南洛阳又是我的发源地之一。洛阳的我以花大色艳、富丽端庄名扬天下，从唐代起，就称我为“国色天香”。

尽管朝代更迭，我仍然统领群芳，国色天香的崇高地位从未动摇过！

菏泽牡丹枝压群雄

在菏泽的国内外重大花展中我连连获奖，享誉海内外。尤其是在1999年的昆明世界园艺博览会上，我枝压群芳，一举夺魁，共获得了119枚牡丹单项奖中的81枚，占68%。

国外牡丹

我不仅仅深受中国人民喜爱，而且也受到世界各国人民的珍爱。我在海外被种植最广泛和数量最多的国家就是日本了。日本是世界上受中国文化影响最大的国家之一，日本人对我的珍爱仅次于中国人。

留言板

牡丹的话

小朋友，我之所以深受很多国家的人们的喜爱，主要是我象征着富贵。但如果国家真的要富裕、强盛，就需要你们以后好好来建设它。你将来打算做些什么？怎么做？

我想对牡丹说

____

离草

芍 药

自我介绍	
科别	芍药科
直径	不详
高度	1 米左右
分布地区	欧、亚大陆温带地区
主要特点	花形妩媚，色泽鲜艳，花期较晚，可入药

小朋友们好，我叫芍药。我的故乡在中国。在草本花卉中，我是小有名气的，人们把我列为草本之首！

形态特征

我的花大而且很美丽，气味芳香，人们觉得我和牡丹很像，往往分不清楚。我的花生长在枝顶或者是叶腋，而牡丹花只生长枝顶，这是我和牡丹最主要的区别。我的颜色有白、黄、绿、粉、粉蓝、红、紫红、紫、黑等。根据花型可把我分为：蔷薇型、皇冠型、千层台阁型、托桂型、金环型、菊花型、绣球型、楼子台阁型、单瓣型等。

“婥约”之谐音

关于我的名字“芍药”的得来有两种有意思的解释。第一种，认为我因为花形妩媚、花色鲜艳，所以人们都喜欢用形容女子容貌美丽的“婥约”一词来描述我，那么取之谐音“芍药”便是我的名字了。第二种解释是，因为我不仅仅花貌美丽，而且还有药用价值，所以把我称作“芍药”。

花中皇后

看到这个小标题，小朋友一定会异口同声地反驳我，说中国最美的是牡丹。没错，在中国，牡丹为花王，我为花相。因为我开花比较迟，人们又叫我“殿花”。可是我在国外却被人们称作“花中皇后”，或许外国人对我的喜爱超过了牡丹。

离草

古代人们离别时，就相互赠送芍药，表达依依不舍之情，因此人们也把我称作“离草”。我的别名还有将离、婪尾春、余容、犁食、没骨花、黑牵夷、红药等。

扬州芍药冠天下

我在扬州的名声是响当当的。宋代是我们家族的鼎盛时期，那时已被人们誉为“扬州芍药冠天下”。人们认为我和牡丹并美，宋代诗人陈师道的“花之名天下者，洛阳牡丹，广陵（今扬州）芍药耳”，就说明了这一点。

留言板

芍药的话

亲爱的小朋友，你们喜欢我吗？我是扬州的市花，你知道你们所在城市的市花是什么吗？

我想对芍药说

虹之女神

鸢尾

自我介绍	
科别	鸢尾科
直径	不详
高度	30 厘米 ~ 50 厘米
分布地区	日本、中国中部、西伯利亚、法国等温带地区
主要特点	花瓣一半向上、一半向下翻，颜色鲜艳

小朋友们好，我是鸢尾。远征波斯的古希腊人一看到我，脑海中便立刻浮现出虹之女神——爱丽丝，因为我总给人以华丽的感觉！

我与百合

我和百合花极为相似，但是我们却属于不同的种类。虽然看上去我们都有六个花瓣，但是大多数人都不知道我只有三个花瓣，外围的那三片是保护花蕾的萼片。此外，我的花瓣一半向上翘，一半向下翻，而百合的花瓣是一律向上的。

名字的由来

因为人们觉得我的花瓣像鸢的尾巴，所以给我起名鸢尾。还有我的名字来源于希腊语，意思就是彩虹，说明彩虹的颜色尽可以在鸢尾属的花朵上看到。其实我觉得我的花形更像翩翩起舞的蝴蝶。五月花开的季节，小朋友们就能看到一只只蓝色蝴蝶飞舞于绿叶之间，仿佛要将春的消息传到远方去。你喜欢我吗?

虹之女神

鸢是鹰科中的一种鸟。它的希腊名字是 iris，意为彩虹。因为我的花色有红、橙、紫、蓝、白、黑各色，所以不愧有虹之女神的称号。

留言板

鸢尾的话

小朋友们好，看完我的介绍，我想你们对我也有一定的了解了。我和百合的确很像，但是仔细观察，我们又有很多不同之处。所以小朋友要养成仔细观察事物的好习惯，很多事物看似相同，但却有本质区别。小朋友，你能举个例子说明这个道理吗?

我想对鸢尾说

____

虞姬之美

虞美人

自我介绍	
科别	罂粟科
直径	7 厘米 ~ 10 厘米
高度	40 厘米 ~ 80 厘米
分布地区	欧亚温带大陆地区
主要特点	受光和声音的感应振动，耐寒，小叶茎部有叶枕

小朋友们好，我叫虞美人。传说，我是项羽爱妾虞姬的化身。当年虞姬别了西楚霸王自刎后，她流血的地方开出来的花，从此就被叫做了虞美人！

形态特征

我身高 40 厘米 ~ 80 厘米，分枝很细弱，上面密布短短的硬毛。我的叶片像羽毛，边缘有不规则的锯齿。我的花未开放时，蛋圆形的花蕾上包着两片绿色白边的萼片，在细长直立的花梗上下垂地生长着。等到花蕾绽放萼片脱落时，我的花便会脱颖而出了。向上的花朵上 4 片薄薄的花瓣薄得如绫，光洁似绸。

无风自动的原因

我们植物是有感觉的。由振动和撞击引起的运动，叫“感振运动”，由昼夜交替引起的运动叫“感夜运动”。而我具备这两种运动的反应。小朋友，你要是不信，你拍拍手，我就会开始跳舞。有的时候在强烈的日光照射下，我也会起舞。因此，人们叫我“无风自动草”，也叫我“舞草”。

七绝虞美人

清代一位女诗人写下一首《虞美人》以纪念虞姬：“君王意气尽江东，贱妾何堪入汉宫；碧血化为江上草，花开更比杜鹃红。”小朋友，你读过这首诗吗，能体会其中的深意吗？

留言板

虞美人的话

项羽是我国古代著名的将领和政治人物，他自封为“西楚霸王”，非常神勇。小朋友们知道关于西楚霸王的故事吗？能不能讲一讲西楚霸王的故事给我听呢？

我想对虞美人说

____

____

白头之翁

白头翁

自我介绍	
科别	毛茛科
直径	不详
高度	10 厘米 ~ 30 厘米
分布地区	原产中国，现世界许多地区有分布
主要特点	全株密披绒毛，花萼像花

小朋友，我叫白头翁。我可不是鸟类哦。看到我的名字你们一定以为我的花是白色的吧？那你猜错了！为什么我叫白头翁呢？别着急，我慢慢告诉你！

耀眼的银丝

我的全身披着白色绒毛，花梗从叶丛中央长出，顶端只开着一朵花。我蓝紫色花萼上面白色的毛很像花，其实中间黄色的才是花朵。花谢后银丝状花柱在阳光下闪闪发光，耀眼夺目。

樵夫的感恩

相传在很久以前，有位樵夫腹部疼痛难忍，但却无钱就医。这时，一位白发老翁路过，采摘了一把长着白色柔毛的草药，为樵夫煎好服下。几天后，樵夫的病好了。为了表示对老者的感激之情，于是把这种草药叫做“白头翁”。

神奇的草药

那么我到底有什么神奇之处可以治好樵夫的病呢？其实我的药用价值非常高，有清热解毒、凉血止泻、燥湿杀虫等功效。因为我的花色美丽，果球形状独特，因此观赏价值也很高。

留言板

白头翁的话

小朋友，对于帮助过我们的人要学会感恩。感恩别人的同时自己也会感受到幸福、快乐！那么，当得到了别人的帮助之后，你会怎么做呢？

我想对白头翁说

____

____

世界花后

郁金香

自我介绍	
科别	百合科
直径	不详
高度	花茎高 30 厘米～50 厘米
分布地区	原产东亚土耳其一带，现世界各地
主要特点	花色鲜艳多样，花朵有毒碱

小朋友们好，我叫郁金香，别名洋荷花。我可是世界花后哦，快来了解一下我吧！

形态特征

我的鳞茎是扁圆锥形，茎叶很光滑，花直立地生长在茎顶端。每朵花有 6 个花瓣，花型有杯型、碗型、卵型、球型、钟型、漏斗型、百合花型等，有单瓣也有重瓣。花的颜色也是多彩的，有白、粉红、洋红、紫、褐、黄、橙等。

象征春天

在西方国家里我象征着春天。我在早春开花时，花朵直立着，特别像一个高脚酒杯，陪衬在绿色叶片之上，亭亭玉立、光彩照人。另外，我还给人一种简洁、率真、亲切的感觉。

魔幻之花

我也被欧洲人称为“魔幻之花”，更有“世界花后”的美誉。自古以来就有一种莫名的魔力让园艺学家热衷于品种改良，甚至有人倾家荡产只为了我那稀有的球根。经过园艺家长期的杂交栽培，目前全世界已拥有8000多个品种，被大量生产的约150种。我的色彩艳丽，变化多端，以红、黄、紫色最受人们欢迎，但黑色花却被人们视为稀世奇珍。

花后之毒

虽然人们都非常喜欢我，但是他们却不敢长时间和我在一起。原因是我的花朵有毒碱，和我呆上一两个小时后会感觉头晕，严重的可导致中毒，过多接触易使人毛发脱落。

留言板

郁金香的话

小朋友，我虽然有“世界花后”的美称，但是我一点也不骄傲，常常给人一种亲切感。俗话说“虚心使人进步，骄傲使人落后”，当你们取得好成绩时，也要保持虚心的态度。你能做到这一点吗？

我想对郁金香说

____

兄弟之情

紫荆花

自我介绍	
科别	豆科
直径	40 厘米左右
高度	15 米左右
分布地区	中国华中地区
主要特点	花朵繁多，成簇状，紧贴树干

小朋友们好，我叫紫荆花。满条红、苏芳花、紫株、乌桑、箩筐树，这些都是我的别名！而我觉得“满条红”这个名字最能准确的描述我的形象！

我的分类

我大体分为三类：白色紫荆，巨型紫荆，还有加拿大红叶紫荆。白色紫荆为变种；巨型紫荆高达 15 米，叶子和花朵都较大，花色紫红色；加拿大紫荆的树干颜色较深，成灰黑色。

满条红

我一闻到春天的气息就开始绽放，艳丽的花朵爬满树的每个枝条，像玫瑰一样的颜色，犹如一群翩翩起舞的蝴蝶，密密层层的，满树嫣红，因此人们也把我称作“满条红”。

我与香港紫荆花

很多人以为我就是香港特别行政区的区花，虽然我和她同名同姓，但是我们却有本质不同。区花是白色的，而我是红紫色的，香港的紫荆只能在热带亚热带生长，而我在中国的华中地区也可以生长。

留言板

紫荆花的话

小朋友，我常被人们比作亲情，是兄弟和睦、家业兴旺的象征。所以，小朋友们要注重团队的协作，积极参与学校里的集体活动。

我想对紫荆花说

____

____

蝶爱花

大叶醉鱼草

自我介绍	
科别	马钱科
直径	不详
高度	3 米 ~ 5 米
分布地区	中国长江流域
主要特点	花色丰富，喜光，芳香

小朋友们好，我叫大叶醉鱼草。我的本领可真不小呢，能帮助渔民伯伯捕鱼。你们相信吗?

优雅的姿态

叶子的颜色是灰绿色，形状呈椭圆状披针形，叶子的背面密布白色的棉毛和星状毛。小花很多，一朵朵像个小喇叭，簇拥在一起，犹如一个穗状圆锥形。我的花色可丰富了，有紫、红、暗红、白色等品种，而且姿态优雅，淡香飘逸，常常能引来蝴蝶绕着我翩翩起舞，因此人们给我“蝶爱花”的美称!

捕鱼能手

我喜欢生长在阳光充足、排水好的地方，主要在长江流域。那里的渔民伯伯特别喜欢我，因为我可以帮他们捕鱼。他们经常采摘我的叶子和花用来麻醉鱼，等鱼麻醉了他们就能轻而易举地捕到鱼，我也因此得名“醉鱼草”。

大展身手

小朋友们，我可有许多的用武之地哦！我在园林中可以用来植草地，可以装点山石、庭院、道路、花坛，还可以用作切花。此外我还可以做药，有祛风散寒、止咳、消积止痛等功效。花还可以提炼芳香油。

留言板

大叶醉鱼草的话

小朋友，俗话说“三百六十行，行行出状元”，每个人只要发挥自己的特长，学好本领，不论在哪个领域都能做出贡献，就像我可以帮助渔民伯伯捕鱼一样！那么小朋友，你有什么样的本领呢？

我想对大叶醉鱼草说

____

____

彩衣娘子
紫叶李

自我介绍	
科别	蔷薇科
直径	不详
高度	不详
分布地区	原产亚洲西南部，中国华北及以南地区广为种植
主要特点	叶子自始至终是暗红色，越老越红；喜温湿

小朋友们好，我叫紫叶李。顾名思义，我的叶子是紫色的，和紫罗兰一样，快来了解一下我吧！

闻名遐迩的叶子

我的叶子很特别，凭借它，我在植物界占有了一席之地！人们给我起了一个很好听的名字“彩衣娘子”。我的叶子从刚冒出的嫩叶一直到秋叶落地，每一片都呈现出一种暗红色的基调，而且色泽会越老越深。也只有我的叶子刚在冒出来的时候或是被阳光穿透时才显出明快的红色，如此深深浅浅的红色在周围绿色的衬托下，格外风采。

我的习性

我喜欢在有阳光的地方玩耍，也喜欢温湿的气候，有一定的抗旱能力，对土壤的适应性特别得强。但在肥沃、深厚、排水良好的黏质中性、酸性土壤中生长最为良好。

留言板

紫叶李的话

小朋友，从小妈妈就告诉我不要挑食，否则会营养不良，影响我的身体生长。因此，我在各种土壤中都可以很好地生存。有些小朋友挑食可不是好习惯哟！这样会使身体缺少很多生长元素，影响身体发育，个子也会长不高哦！小朋友，你挑食吗？

我想对紫叶李说

____

____

____

____

香自苦寒

腊梅

自我介绍	
科别	腊梅科
直径	不详
高度	3 米左右
分布地区	朝鲜、美洲、日本、欧洲以及中国大陆的湖南、福建等地
主要特点	冬季开花，耐寒，耐旱

小朋友们好，我叫腊梅。在寒风凛冽的冬天，我踏雪而至，圣洁而又冷傲地开放着。你喜欢我吗？

形态特征

我的花生长在枝条上，有短柄，花托像个小杯子。花是黄色腊质的，花瓣呈螺旋状排列。我的花期在每年的 12 月到次年 1 月。

花叶不相见

我是先开花后长叶子的，花和叶子不同时见面。我开花的时候，树枝还干瘦呢，因此人们也把我叫做“干枝梅”。我是在瑞雪飞扬的时候，才踏雪而至。因此，人们要欣赏到我的芳容，就得期待雪的降临了！所以人们也把我叫做“雪梅”。

旱不死

我原产中国的东部，喜欢阳光，但是我更喜欢大雪纷飞的冬季。我不仅仅耐得住寒冷，而且非常耐得住干旱，因此人们把我称作“旱不死的腊梅”。

金钟吊挂

素心腊梅是我家族中的一个品种。花是纯黄色的，有浓香。因为花开时不全张开且向下，似“金钟吊挂”，因此被人们称作“金钟梅”。

留言板

腊梅的话

小朋友，你们听说过“宝剑锋从磨砺出，梅花香自苦寒来”这句诗吗？试着背一背，并说一说，从我身上你学到了什么精神？

我想对腊梅说

____

西洋水仙
风信子

自我介绍	
科别	百合科
直径	不详
高度	40 厘米左右
分布地区	原产西亚和中亚，现广泛种植
主要特点	耐寒，喜凉爽，花有香味

小朋友们好，我是风信子。小朋友看到我的名字一定会不由自主地联想到蒲公英，以为我也是依靠风的力量传播种子的！那么你们可猜错了，我和蒲公英是不一样的。快来了解一下我吧！

洋水仙

我的叶子绿色有光泽，花茎略微高于叶子。花的萼片很长，圆形，而且反卷着。我的花色也是多姿多彩的，有红、黄、白、蓝、紫等。开花的时候香味沁人心脾，因此人们给我起了别名叫洋水仙和五色水仙。

空杯心态

我的花期过后，如果我要想再开花的话，必须经受一个很大的

“磨难”，就是得让园丁叔叔把我之前奄奄一息的花朵剪掉，一切从头开始，得有一个良好的空杯心态。

嫉妒之心

传说太阳神阿波罗和宇宙的外孙许阿辛托斯很要好，西风神很嫉妒。在一次阿波罗投递铁饼时，西风神把铁饼吹向了许阿辛托斯的头部，血液从他的头中流出，长出了一株鲜花，就是我——风信子。

留言板

风信子的话

小朋友，看到西风神的故事，你们觉得他这样做对吗？在生活中难免遇到比自己优秀的人，对别人身上的优点，应该好好学习，而不是嫉妒。你说我说得对吗？

我想对风信子说

____

____

宛如仙子

耧斗菜

自我介绍	
科别	毛茛科
直径	不详
高度	40厘米～80厘米
分布地区	原产欧洲、西伯利亚，现中国有种植
主要特点	娇小玲珑，花色多，适应能力强

小朋友们好，我是来自西伯利亚的耧斗菜。我的身体可壮实了，可以耐得住零下25度的严寒呢！我虽然叫菜，但是我也开花，花朵特别独特。小朋友来领略一下我与众不同的花姿吧！

宛如天仙

我的花色有淡紫、亮紫、鲜红、粉、藤紫、白色等，但花蕊都是黄色的。我的花柔美妍丽，花朵下垂。人们看到我，会不禁想起害羞的女子娥眉低垂，犹如脱俗的仙子。我深受人们的喜爱。

形如耧斗

古代的时候，春天农民伯伯使用一种叫耧斗的工具播种。我开花的时候，人们惊讶地发现我和这种播种工具很像，因此把我称作

"耧斗菜"。

天生倔强

别看我娇小玲珑，但是我的适应能力很强，而且我天生倔强，对于我认定的目标，就一定要努力达到，不达目的，誓不罢休。人们说我有种"巾帼不让须眉"的气概！

留言板

耧斗菜的话

小朋友，你们喜欢我倔强的性格吗？我坚持自己的理想，相信通过自己的努力一定能达到。这种自信可以让我在挫折中坚定地站起来。"我行，一定行"，这样的信念一直支撑着我。小朋友，面对目标，你够自信吗？

我想对耧斗菜说

____

____

____

____

玉蝶飞舞
太平花

自我介绍	
科别	虎耳草科
直径	不详
高度	2 米左右
分布地区	东北南部、华北、西北
主要特点	花多，洁白，味清香，耐强光

小朋友们好，我叫太平花。我的历史很悠久，提起我，还有一段宋仁宗孝母的佳话流传至今呢！让我们一起来听听这个感人的故事吧！

仁宗孝母

据说，宋仁宗为他的母亲贺寿时，四川青城山有个老道将我献给皇太后，深得皇太后的喜欢，特赐名“太平瑞圣花”。此后，人们便把我称作“太平花”。

形态摇曳

从仲春到初夏，在我国北方山区林地，随处可见我摇曳的身姿。在我一人左右高的绿色灌丛上，有的三五朵花成序，有的七九朵花成簇，洁白的花朵次第绽放挂枝头，繁而不艳，迎风翩跹，“犹如玉蝶飞舞，花香似梅如兰”。在绿叶的衬托下，我的4片乳白色的花瓣十字排列，散发出幽幽的芳香。

陆游的悲愤

南宋诗人陆游看到国家危急，人民处于水深火热之中，为宣泄心中的悲愤，因此有诗句“宵旰至今芳圣主，泪痕空对太平花”。 北京故宫御花园中也有我的身影，相传是明代时就遗留下来的。

留言板

太平花的话

小朋友，诗人陆游看到国家的危急、人民生活的不幸，悲愤作诗，体现了诗人的爱国情怀。我们每个中国人都应该热爱自己的国家，以自己是中国人而骄傲自豪！热爱祖国的信念体现在我们生活中的点点滴滴。小朋友，请你举几个体现爱国的实例好吗？

我想对太平花说

____

____

苞片似叶

叶子花

自我介绍	
科别	紫茉莉科
直径	不详
高度	不详
分布地区	原产巴西，在中国有种植
主要特点	苞片似叶且多彩，花小无味

小朋友们好，我叫叶子花。我的花朵非常小，但也有人觉得我的花开得大而且艳丽。要想知道谜底，请继续和我一起看下去吧！

苞片似叶

我的故乡在巴西。我的苞叶特别大，有红、粉、橙黄、白等色。猛地一看，人们都会被我鲜艳的“花朵”所吸引。其实那并不是我真正的花，而是我的苞片。因为我的苞片特别像叶子，因此人们把我称作“叶子花”。而我真正的花非常小，位于苞片中，呈淡红色或黄绿色。小朋友们，你们清楚了吗？

扬长避短

我的花朵很小，又没有香味。怎样才能吸引蜜蜂或蝴蝶来为我传花授粉呢？我们的“绝招是”：将紧贴花瓣的苞片增大，并“染”上红、黄、白、橙红、红白相间等多种艳丽的色彩，使之酷似美丽的花瓣。这样，蜜蜂或蝴蝶就成了我们的座上常客，从而解决了传宗接代的难题。

环保主义

小朋友，我还是个环保主义的倡导者呢。我的叶子具有很神奇的功能，可以抗二氧化硫，因此能够很好地绿化环境呢！

留言板

叶子花的话

小朋友，我懂得扬长避短，发挥我自己的优势，避开自己的短处。每个人都不是完美的，都会有不足的地方。只要我们懂得发挥自己的长处，就能弥补自己的不足。你们说对吗？

我想对叶子花说

____

____

和平使者

紫薇

自我介绍	
科别	千屈菜科
直径	不详
高度	3 米 ~ 7 米
分布地区	产于亚洲南部及澳洲北部，中国华东、华中、华南及西南也有分布
主要特点	花期长，树干光滑无皮

小朋友们好，我叫紫薇。我的名字是不是很像一个淑女呢？但是“巾帼不让须眉”，我还是支持正义的紫微星的化身呢！不信，你看！

“满堂红”

我的花色是红色的，六瓣，边缘有褶皱。花开满树，极像傍晚的红霞，所以人们给我起了一个很喜庆的名字：“满堂红”。

痒痒树

小朋友们，你听说过“怕痒”的树吗？你一定第一次听说吧？我长大后，树干的外皮会脱落掉，光滑无皮。如果你用手轻轻抚摸我一下，我立即枝摇叶动，浑身颤抖，还会发出微弱的“咯咯”响动声。这就是我“怕痒”的一种全身反应，实是令人称奇。

浑身解数

我的浑身都是宝。皮、木、花有活血通经、止痛、消肿、解毒作用。种子还可以做成农药，有驱杀害虫的功效。此外，我对二氧化硫、氟化氢及氮气的抗性强，能吸入有害气体，是城市绿化中的一种理想树种。

留言板

紫薇花的语

小朋友，当一些不好的行为出现时，在自身安全有保障的情况下，你能勇敢地站出来吗？

我想对紫薇花说

____

____

____

洁白无瑕 栀子花

自我介绍	
科别	茜草科
直径	不详
高度	1米～2米
分布地区	产于中国，有在贵州、湖南、浙江、四川等地分布
主要特点	绿叶白花，花味淡香，果实和根可入药

小朋友们好，我叫栀子花，故乡在中国。我枝繁叶茂、花朵美丽、香气浓郁，因此人们很喜欢把我种植在庭院里。小朋友，你喜欢我吗？

形态特征

我是常绿小乔木，家族的成员身高都比较低矮，最高不过2米。我的树干是灰色的，小枝是绿色的。我的花冠就像一个高脚碟状，花的颜色洁白无瑕。

我的习性

我生长在疏松、肥沃、排水比较好的酸性土壤里。我喜欢温暖、湿润的环境，喜欢阳光但又害怕被阳光直射。我还特别怕冷，因此在华北、西北、东北，人们把我栽种到盆里，放在温室里面。

我的别名

由于我喜欢生长在山地，因此人们又把我称作“山栀子”。人们从我的果实和木材中可以提取黄色的燃料，所以也把我叫做“黄栀子”。有的品种的枝条斜出而且常年喜欢生长在水边，所以人们把我称作“水横枝”。

药用价值

我不仅仅供人们观赏，我还有药用价值呢！我的果实可以入药，主治热病高烧、心烦不眠、实火牙痛、口舌生疮、吐血、眼结膜炎等病症。根也可以入药，主治传染性肝炎、跌打损伤和风火牙痛。

空气净化专家

小朋友，我的叶子四季常青，绿叶白花，花香素雅。你们是不是觉得我很清丽可爱呢？我常常在路边吸收二氧化硫，是净化空气的专家哟!

留言板

栀子花的话

亲爱的小朋友，在植物界还有一些花的颜色和我一样都是洁白无瑕的，你知道它们的名字吗？

我想对栀子花说

____

江南第一花
玉簪

自我介绍	
科别	百合科
直径	不详
高度	1米~2米
分布地区	原产中国，现在日本、美国、欧洲各国均有分布
主要特点	洁白无瑕，香味沁人心脾，能测试氟化物

小朋友们好，我叫玉簪。我洁白如玉，因此常常用我来比喻一些人的优秀品格。宋代诗人对我更是喜爱有加，把我誉为“江南第一花”呢！小朋友，请来领略我的风采吧！

美丽形态

七八月份的时候，我的花茎就从根部抽出，花萼像含羞的小姑娘一样紧紧抱住花苞。慢慢地花茎伸出了叶子，花萼也一片片按照顺序打开，露出一个个白色的芽，等芽儿长大了，就好像三寸长的玉簪子，人们便给我取了这个美丽的名字——玉簪！

神话传说

关于我的名字民间还有一个神话传说呢。据说，王母娘娘寿宴请来众仙，仙女们非常高兴，饮用了玉液琼浆之后飘然如醉，头发蓬乱，玉簪不小心坠落到人间化为了玉簪花。不论神话的真假，其中透出的是人们对我的喜爱！

江南第一花

我的香味沁人心脾，如果我和我的小伙伴同时绽放，那么至少会有十多天暗香浮动！因为我非常美，因此人们都非常喜欢我。宋朝的黄庭坚把我誉为“江南第一花”：“宴罢瑶池阿母家，嫩琼飞上紫云车，玉簪堕地无人拾，化作江南第一花。”

监测“哨兵”

我的叶子不仅对二氧化硫的抵抗性强，而且对氟化物也很敏感。人们可以根据我的症状，来测试大气中的氟化物。我是空气质量监测“哨兵”之一。

留言板

玉簪花的话

人类把能够指示一定环境特征的植物叫做指示性植物。在我们植物中，能和我有同样本领的植物还不少。小朋友，你们知道它们吗？

我想对玉簪花说

香蕉花 含笑

自我介绍	
科别	木兰科
直径	不详
高度	1 米～2 米
分布地区	广泛分布
主要特点	花香味如香蕉，花可泡茶

小朋友们好，我叫含笑。像我的名字一样，我总是面带微笑，人们一看到我，总是心旷神怡！

形态特征

我是木兰科的常绿灌木。我枝繁叶茂，叶子呈狭长的椭圆形。我的花很小，样子有些像兰花，颜色是淡黄色的，有六个花瓣，花瓣的边缘常带紫晕，花香袭人。因为我的花开放时，花瓣不完全展开，处于半开半合状态，像是在掩口而笑，所以人们非常形象地给我取了这个名字——含笑。

香蕉花

我还有一个可爱的名字叫做“香蕉花”，这是因为我的香气特别像香蕉味。虽然我的味道很好闻，但是太浓烈，不适合把我放在太小的空间哟！若是把我种植在公园里，游人们在休息的时候闻着淡淡的香蕉味一定是种很惬意的享受！

天然的饮品

因为我多半生长在山坡地、杂林中，所以我是非常天然的。我具有养肤养颜、安神减压、纤身美体、保健强身和祛病延年的神奇功效。经常饮用还可使皮肤细嫩红润、光洁亮丽、富有光泽和弹性。

赞叹我的诗句

诗人通常用诗句来赞美我的美。宋代诗人邓润甫曾写下诗句“自有嫣然态，风前欲笑人。涓涓朝露泣，盎盎夜生春”。形容我具有妩媚动人的嫣然美态。

留言板

含笑的话

亲爱的小朋友，虽然我的名字让人感觉弱不禁风，但是我确实很坚强的哟！我们木兰科的植物都有那种巾帼不让须眉的气质。我们都被花木兰代父从军的事迹所感动。花木兰一个女孩子，却有种刚强的品质。小朋友，你们说花木兰勇敢吗？

我想对含笑说

____

举世无双

琼花

自我介绍	
科别	忍冬科
直径	8 厘米 ~ 15 厘米
高度	8 米左右
分布地区	中国特有，分布于四川、江苏、甘肃、山东等地，后来引种到国外
主要特点	花形美丽，香味清新

小朋友们好，我叫琼花！我的冰清玉洁不仅赢得人们的喜爱与赞美，还成为扬州这座青春常在的历史文化名城的形象标志！

形态特征

我的树枝伸展着，树冠成球形。椭圆形的叶片对称地生长着，边缘有细齿。我的花很大，如一个大大的盘子，颜色洁白如玉。

昆山三宝之一

我是扬州的市花，同是也是昆山的三宝之一。自古以来有“惟扬一株花，四海无同类”的美誉。我是中国特有的名花，唐代时就被人们种植。因为我有淡雅的风姿和独特的风韵，以及种种富有传奇色彩的故事，博得世人的厚爱和文人墨客的赞赏，“琼花玉树”这个成语也是源于让人心旷神怡的我。

烈女花

我可是非常洁身自好、不屈从于权贵的哟！隋炀帝开运河，三下扬州来看我，我却纷纷地凋谢，令这个皇帝十分扫兴。北宋的宋仁宗，曾派人把我从扬州移至汴京的宫苑中，但我第二年不仅不开花了，而且枯萎了。当他们把我再送回扬州时，我照样开花。因为我的刚烈品质，人们又把我称作“烈女花”。

举世无双

为什么说我是举世无双的花呢？欧阳修在琼花观上题词“无双亭”，并作诗赞叹我的美丽：“琼花芍药世无伦，偶不题诗便怨人；曾向无双亭下醉，自知不负广陵春。”不但赞叹我的美，还强调我是扬州独有。从此，我就名扬于世了。

留言板

琼花的话

亲爱的小朋友，听完我的介绍，你们对我有些了解了吧？有一种叫做“木绣球”的花和我长得很像。在植物家族中有很多植物因为有“血缘”关系，所以长得有些相似。小朋友，你们知道哪些植物长得比较像吗？

我想对琼花说

花中祥瑞
瑞香

自我介绍	
科别	瑞香科
直径	不详
高度	1.5 米～ 2 米
分布地区	分布于中国长江流域以南各省，现日本也有分布
主要特点	花具有浓烈的香气，花小，簇拥在一起

小朋友们好，我叫瑞香。我的花具有浓烈的香味。如果把别的花同我放在一起，它们就会黯然失香了！

形态特征

我的身高 2 米左右，树枝细长光滑无毛。我的叶子是深绿色长椭圆形，长 5 厘米～ 8 厘米，有光泽。我的花虽小但却一簇簇生长在树枝的顶端，争芳夺艳，花有白色、紫色、粉色、黄色等。我的花味道清新高雅，若把我和其他的花放在一起，其他的花就会有黯然失香的感觉。因此人们给我起了“夺花香”、“花贼”的绰号。

花中祥瑞

相传，有一位尼姑梦中闻到有一股强烈的香味，醒来时她便满山地寻找。一番努力之后，尼姑终于找到了我。因为是在梦中闻到的香气，因此她给我起了一个名字叫“睡香”。但是人们觉得我是花中祥瑞，因此给我改名“瑞香”。

生病不易被发现

我生病了是很难被人们发现的，因为我的叶子在鲜艳翠绿的时候，便会出现叶片慢慢落光的现象，等人们发现的时候已经为时过晚。所以，小朋友们若有机会种植我，当发现我出现落叶时，要及时把我从盆里拖出来，用清水冲干净，检查一下我的根。若是根生病了，就要把坏根剪掉，然后用中粒河沙再把我栽到花盆中去，放置在通风良好的阴凉处。

我的药用价值

我的根、茎、叶、花都可以入药，具有清热解毒、消炎去肿、活血祛瘀的功效。人们常把我的叶子捣烂治疗咽喉肿痛、牙齿痛。

留言板

瑞香的话

亲爱的小朋友，我生病了有时候是用眼看不到的，只能根据微小的变化，来检查我是否生病了。所以，做事情时要用心、用智慧去判断，这样才能认识全面，把事情做好。你们记住了吗？

我想对瑞香说

____

____

朝开暮合

合欢

自我介绍	
科别	豆科
直径	不详
高度	16 米左右
分布地区	中国、朝鲜、日本、泰国、越南、缅甸等国家
主要特点	叶子朝开暮合，树冠如伞，花如马头的红缨，味清香

小朋友们好，我叫合欢。我朝开暮合，生活非常有规律！我还是忠贞爱情的象征呢！

朝开暮合

我的树冠就像一把大伞，身上翠绿的小叶纤密而对生。当夜幕降临时，排成两列羽毛状的小叶片就会像蚌壳一样，渐渐地两两相对着合抱起来。等到第二天清晨，我的小叶子才会像孔雀开屏一样舒展开来。人们给我起“合欢”这个名字，大概就是因为我有“朝开暮合”的独特技能吧！

小朋友，我这个独特的本领你们觉得有趣吗？你们想知道是什么原因导致我可以“朝开暮合”的吗？这是因为我能够感受到外界的阳光和热，在我小叶子的叶柄茎部，生长着灵敏的“储水袋”。晚上光线变暗、温度降低时，储水袋里会放出水来，使得我叶柄茎部的细胞瘪落下来，于是叶子就闭合起来了！

花如马头的红缨

在盛夏，我的花绽放时就像马头上的红缨，因此人们很形象地把我称作“马缨花”。其实那红色的丝状物并不是我的花瓣，而是我的雄蕊。花丝的上半部分是粉红色的丝状物，下半部分是白色，远远望去就像红霞飘拂，十分漂亮。如果此时微风吹过，你还能闻到丝丝的清香呢！

解忧安神

在中国的很多农村，人们都很喜欢种植我。我的叶子、树皮都是传统的药材，有养心、理气的功效。清朝人李渔说“萱草解忧，合欢蠲怒，皆益人心情……凡是见此花者，无不解愠成欢，破涕而笑，是萱草可以不栽，而合欢则不可不树”，可见我受欢迎的程度有多高了！

留言板

合欢的话

亲爱的小朋友，早上太阳公公刚一出来，我就准时开放，从来不睡懒觉。良好的生活习惯使得我的身心很健康。你的作息有规律吗？

我想对合欢说

月留余香

蔷薇花

自我介绍	
科别	蔷薇科
直径	不详
高度	不详
分布地区	原产中国的华北至长江流域，朝鲜、日本有分布
主要特点	蔓生植物，枝条可蔓延；颜色鲜艳；花香诱人

小朋友们好，我是蔷薇！我和玫瑰、月季人称“三姊妹”，长得可像呢！你们也不要弄错哦！

形态特征

我的枝条蔓延很长，可以攀墙而上，也可以沿花架伸展，或者是结条成屏，还可以铺地而爬行。我的花期是5月～9月，第二年接着开放。我的花色很多，有白色、浅红色、深桃红色、黄色等，花香非常诱人。

月留余香

明代顾磷曾经赋诗：“百丈蔷薇枝，缭绕成洞房。蜜叶翠帷重，浓花红锦张。张著玉局棋，遣此朱夏长。香云落衣袂，一月留余香。”诗中描绘出一幅青云缭绕、姹紫嫣红的画面。

深受推崇和喜爱

小朋友，从古至今我深受人们的喜爱！你们有所不知吧，我在基督教的赞美诗中，是圣母玛利亚的别名，《圣经》中至少有8处提到过我呢！古罗马时代，贵族每逢举行盛大的宴会，主人要为来宾带上用我的花做成的花冠，用我的花露招待客人洗手，并请客人品尝“蔷薇花布丁”、“蔷薇花美酒”。后来，人们对我的喜爱甚至演化成如痴如醉、“挥花如土”的奢侈地步。

留言板

蔷薇花的话

亲爱的小朋友，我后来变成了“奢靡”的代言，真是冤枉我了，我也是不太赞同罗马君王的奢靡生活方式的。古训说得好：“由俭入奢易，由奢入俭难。”所以，小朋友从小要养成勤俭节约的好习惯哟！

我想对蔷薇花说

____

____

急性子

凤仙花

自我介绍	
科别	凤仙花科
直径	不详
高度	20 厘米～80 厘米
分布地区	中国、印度及中东地区
主要特点	一碰籽荚就能射出籽来，生命力顽强，随处可见

小朋友们好，我叫凤仙花。因为我的花头、翅、尾、足都很像传说中的凤凰，所以人们给我起了这个很好听的名字！

形态特征

我的茎是直立的，叶子呈下披针形，长达 10 厘米左右。我的花就像蝴蝶一样翩翩起舞，有粉红、大红、紫、白、黄等颜色。我最擅长变异，因此，小朋友有的时候可以在我身上看到开着不同颜色的花朵。根据形状的不同，我的花可分为蔷薇型、山茶型、石竹型。

我是个急性子

每当我的果实成熟时，只要你用手轻轻碰一下，我的籽荚马上就会射出籽来，仿佛迫不及待地让人们看清我的“肺腑”。美国人给我起了一个美国名字叫做“don’t touch me”，意思是说我是个急性子，不要随便招惹我！

“指甲草”

我的别名叫“指甲草”，爱美的小姑娘经常把我的花捣烂，然后涂在指甲上，这样指甲就红艳艳得非常漂亮！所以人们顺理成章地给我起了这个别名——“指甲草”。

天然染发剂

在印度、中东地区，人们把我称作“海娜”。我的体内有单宁、类黄酮、茶醌等天然美发成分。我的叶子与花中的染色成分可使头发转变为棕色、咖啡色、棕红色，染后色彩自然、均匀，不褪色。所以，我就是天然的染发剂哟！

毛主席的最爱

我虽然不起眼但却深得毛主席的喜爱。他少年时，曾作了一首五言诗《咏指甲花》来赞叹我：“百花皆竞春，指甲独静眠。春季叶始生，炎夏花正艳。叶小枝又弱，种类多且妍。万草被日出，惟婢傲火天。渊明独爱菊，敦颐好青莲。我独爱指甲，取其志更坚。”

留言板

凤仙花的话

亲爱的小朋友，我是个急性子的花，我的果实裂开时会把胆小的小朋友吓着，我为我的鲁莽道歉！小朋友可不要向我学习，遇到事情要冷静，不要和我一样太鲁莽！

我想对凤仙花说

____

____

婀娜"绿龙"
凌霄花

自我介绍	
科别	紫葳科
直径	不详
高度	10 米左右
分布地区	原产中国中部
主要特点	藤沿着藤架盘旋而上

小朋友们好，我叫凌霄花。从远处望去，我就像好几条"绿龙"，很有气势吧！

婀娜的"绿龙"

小朋友，若是你们问我最大的本事是什么？那就是我有很强的攀沿能力。我的藤从地面钻出就开始从枝干盘曲，沿着藤架盘旋而上，在顶部又融合纠缠在一起。远远望去，就好像几条婀娜的"绿龙"。

奇趣天成

春天，我的枝叶葱郁柔和、生机盎然。从远处看，真是"满树微风吹细叶，一条龙甲飐清虚"。盛夏时，我的绿色沾满整个藤架，花枝摇曳，一簇簇橘红色的花在枝头绽放着，迎风飞舞。秋天，我的荚果在绿色的叶子之间时隐时现，非常可爱。即使在冬天我脱掉了绿衣，但是我的藤条依然刚劲古朴。你若是站在其中，肯定会觉得是站在一个由藤条编织的画框里，奇趣天成！

不同的评价

真是仁者见仁，智者见智，人们对我的评价也不尽相同。因我的茎叶沿着藤架盘旋，好像绿龙腾空，有驾云凌空的架势，清代李笠翁向人们极力地推崇我。他说“藤花之可敬者，莫若凌霄”，给予了我很高的评价。然而诗人白居易却鄙视我为“势客”，指责我：“托跟附树身，开花寄树梢。自谓得其势，无因有动摇。一旦树摧倒，独立暂飘摇。疾风从东来，吹折不终朝。朝为拂云花，暮为萎地樵。寄言立身者，勿学柔弱苗！”看来，从不同角度看我，会得到不同的答案！

留言板

凌霄花的话

亲爱的小朋友，我长得挺高大的，可却总是依附着别人生活。小朋友，你要学会独立，不要事事依靠爸爸妈妈，能做到吗？

我想对凌霄花说

八里飘香

桂花

自我介绍	
科别	木樨科
直径	不详
高度	15 米左右
分布地区	原产中国西南喜马拉雅山东段，印度、尼泊尔、柬埔寨也有分布
主要特点	花香四溢

小朋友们好，我叫桂花。关于我还有不少神话故事呢！快来了解一下我吧！

形态特征

我的身高在 15 米左右，树冠呈很大半圆形，有的可以覆盖 600 平方米呢！我的树皮是灰白色的，很粗糙，叶子是长椭圆形的。我的花朵生长在叶腋，花是黄色的，很小，每朵小花有 4 个花瓣。别看它小，但是极为芳香。

盆栽不开

人们喜欢我的香气，总尝试盆栽，把我放在阳台上。但是屡屡都以失败而告终，因为盆栽的我是不开花的。这到底是为什么呢？首先，盆栽光照不足；第二，缺少肥料；第三，盆土过湿；第四，我喜欢偏酸性的土壤，而盆土比较偏碱性。

环境不适应

我在冬季比较容易死亡，不是因为生存的环境不够热，而是不够冷。我的故乡冬天并不温暖，已经适应这种生长环境了，到温暖的环境过冬，开始还看不出我有任何不良的反应，照样长芽抽枝，但这种情况维持不了多久，便开始出现老叶脱落、新梢萎蔫、植株死亡的现象。

名字有来头

我的名字可是大有来头的呢！我的叶子特别像圭。圭是古代帝王诸侯举行礼仪时所用的玉器，因此人们把我称作“桂”。我的花香浓郁，随风飘逸，所以有“九里香”的雅号。

鹤立鸡群

我的家族中有一些前辈孤独地在一个地方，成为独特的风景呢！南京灵谷寺大草坪上孤植着一株桂花王，形如巨伞，在周围成片的桂花林的映衬下，个性鲜明，具有“鹤立鸡群”的效果。镇江焦山景区桂花广场中也有一株孤植桂花，广场呈方形，广场中央用卵石做成一个大圆，圆的中心取桂花花开四瓣的特征，以十字形花瓣状砌成花坛，花坛中心栽培一株姿态优美的桂花树。俯视其景，方中有圆，圆中有花，不仅体现出“花开月圆，幸福圆满”的寓意，而且点出了广场主题。

留言板

桂花的话

小朋友，我的家族中前辈“鹤立鸡群”可以成为独特的风景，但是在人类中要是这样就会显得不合群了。所以你们要学着怎么更好地和其他小朋友相处，良好的交际可是一门学问哟！小朋友，你是怎样和别的小朋友相处的呢？

我想对桂花说

____

____

____

瞬间绽放

昙花

自我介绍	
科别	仙人掌科
直径	不详
高度	1 米～ 2 米
分布地区	原产墨西哥，现广泛种植
主要特点	花期短暂，夜间开花

小朋友们好，我叫昙花。很多人都听过“昙花一现”这个成语，但是很少有人目睹过我在绽放的一瞬间的短暂美丽。你见过吗？

瞬间的绽放

我的花期在每年的 6 ～ 10 月，开花的时间一般在晚上 9 点钟以后，次日凌晨就凋谢了，所以很少有人耐心地等着目睹我绽放的瞬间美丽。花开放时，我的花筒慢慢翘起，将紫色的外衣慢慢打开，然后由 20 多片花瓣组成的、洁白如雪的大花朵就开放了。

昙花一现

如此美丽的绽放，也只能维持 3 ～ 4 个小时，这便是我一生的美丽。人们叹息我的花期短暂，因此，便有了“昙花一现”这个成语。小朋友，你们知道这个成语是什么意思吗？对了，人们用它来形容那些刚出现不久即可消逝的事物。

夜间开放的原因

小朋友你一定很好奇了吧，为什么我的花要在夜间开放呢？这种奇特的习性要从我的原产地的气候和地理特点说起。我生长在美洲墨西哥至巴西的热带沙漠中，那里的气候又干又热，但到晚上就凉快多了。晚上开花，可以避开强烈的阳光暴晒，缩短开花时间，又可以大大减少水分的损失，有利于我的生存，使我生命得到延续。

留言板

昙花的话

小朋友，虽然我的花期很短暂，但是我珍惜时光，在短暂的每一秒里都绽放我的美丽！你也要一样哦，不要蹉跎岁月，要珍惜生命中的每分每秒，活出精彩。

我想对昙花说

____

____

山谷百合

铃　兰

自我介绍	
科别	百合科
直径	不详
高度	不详
分布地区	热带、亚热带地区
主要特点	全株有毒，植株高大，花朵硕大美丽

你好，我叫铃兰。我的花在风中飞舞就像下雪一样。人们看到漫天飞舞的我很漂亮，因此把我称作“银白色的天堂”。

花形像小钟

我的小花是乳白色的，一个茎上开着6～10朵，花形像小钟，莹洁高贵，精雅绝伦。我散发的味道香韵浓郁，幽沁肺腑，令人陶醉。

浆果有毒

我的植株矮小，花香怡人。入秋后，我结出暗红色的果实。小朋友，如果你看到那一粒粒诱人的小红果，千万不要把它放在嘴里，它可是有毒的啊！

名贵的香料

我的原产地在亚洲、欧洲及北美。我生长在高纬度，像中国东北林区和陕西秦岭都有野生。我的同类中大部分生长在深山幽谷或是林中、草丛中。我是一种名贵的香料植物，可以从花中提取高级芳香的精油。

幸福的小铃铛

芬兰、瑞典等国把我当做国花，在法国的婚礼上也可以看到我的身影。人们把我送给新娘，祝福新人幸福的到来，我可是一枚幸福的小铃铛哦！我生长的地域不大，人们把我称作“山谷百合”，给人一种纯洁清新的感觉。在友情交往中，人们赋予我一种幸福纯洁的寓意。

留言板

铃兰的话

亲爱的小朋友，纯洁的友谊在你们的一生中是弥足珍贵的。你想对你的好朋友说点什么呢？

我想对铃兰说

____

____

圣诞节之花
一品红

自我介绍	
科别	大戟科
直径	不详
高度	2 米左右
分布地区	原产墨西哥，现欧洲、美国、中国两广和云南均有分布
主要特点	叶子底部是深绿色，顶部是火红色、白色

小朋友们，你们好，我叫一品红。圣诞节的时候人们可以到处看到我，我鲜艳的红色能给节日增添不少喜庆的气氛哦！

叶子被误会成花朵

很多人都认为最下面的深绿色的叶片是我的叶子，而顶端那鲜艳的红色部分是我的花朵，其实红色部分也是我的叶子！而我的真正的花在叶束的中间部分。

我的故乡墨西哥

我的故乡在墨西哥的塔斯科地区，当地的美国印第安人中的一支部落阿芝特克人把我用作养料和药物。后来，我们被带到欧洲了。1825 年美国驻墨西哥首任大使约尔·波因塞特把我引入美国。现在，中国两广和云南也能见到我的影子。

波尔切里马花

我也叫“波尔切里马花”。这个名字的由来还有一个感人的故事呢！传说很久以前，在墨西哥城南，有个村子突然发生了泥石流，一块巨大的石头把水源切断了，造成了这个地区严重缺水、土地干裂。这时，村庄有个叫波尔切里马的勇士挺身而出。他夜以继日，凿石取水，终于将巨石凿开，清泉像猛虎般地冲出。波尔切里马由于疲劳过度，被水冲走，人们到处寻找，未见人影。一天，一个放牧人在水边发现了我，村民说这花很像波尔切里马，他生前很喜欢穿红上衣。人们为了纪念舍身取水的勇士，就把我以他的名字命名为“波尔切里马花”。

留言板

一品红的话

小朋友，那个勇士的无私精神很让我感动。随着经济的发展、社会的进步，我们更要发扬雷锋精神。雷锋精神不会过时，只会一直被人们所歌颂，并继续传承下去。小朋友知道雷锋叔叔最值得学习的地方是什么吗？

我想对一品红说

美丽的小吊灯
悬铃花

自我介绍	
科别	桑科
直径	不详
高度	30厘米～60厘米
分布地区	原产巴西、墨西哥、秘鲁，现在世界热带、亚热带地区均有分布
主要特点	花下垂，花瓣不打开，能抗有害气体和灰尘

小朋友们好，我叫悬铃花。听到我的名字你就觉得我很可爱吧？我的花永远向下垂，就像个美丽的小吊灯！

花姿奇特

我的花姿奇特，鲜红的花瓣螺旋地卷起来，有明显的红色脉纹，雌雄蕊长，突出花瓣外，看似含苞。在热带地区我全年都在不断地开花，9～12月下旬是我的盛开时期。

羞涩地紧裹红袍

我的花朵上有很好吃的花蜜，甜甜的。我的花瓣是不会打开的，小朋友们要是想知道我是否在开花，只要看看花蕊是否伸出花冠外。只要我的花蕊伸出花冠外，在它凋萎前都算是正在开花。我的花朵犹如少女般害羞地紧裹红袍，因此人们又把我称作“大红袍”。

如何传粉

我的雌蕊是分裂成好多个小柱头的，上面黏黏的，当风吹起时，会把花粉吹到柱头上，完成授粉的任务。

绿化的天使

我虽然给人一种软弱、羞涩的感觉，但我却是一个绿化天使！我不顾自己的安危，保护着人类的健康。我能抵抗烟尘、有害气体，因此我总在厂矿污染区帮助人们绿化环境！

留言板

悬铃花的话

亲爱的小朋友，我看起来很可爱，但是生性羞涩，不敢张开花瓣，绽放美丽，因此小朋友可不要学习我害羞哟！要大胆地表达自己的思想，说出自己的想法！

我想对悬铃花说

____

____

后娘花
三色堇

自我介绍	
科别	堇菜科
直径	不详
高度	10 厘米～40 厘米
分布地区	原产欧洲，现中国有分布
主要特点	外形奇特，花香，能去除青春痘

小朋友们好，我叫三色堇。我还有很多可爱的别名：花脸猫、蝴蝶花、鬼脸花。在德国，我还有一个你意想不到的名字：“后娘花”！

启发小朋友想象力的外形

在公园里我是最能吸引小朋友眼光的。有的小朋友说我像个可爱的小花猫，五个花瓣恰似猫的耳朵、脸颊和嘴巴；有的小朋友说我长得像翩翩起舞的蝴蝶或是长着浓眉、塌鼻、小胡子的小丑；还有的小朋友竟然说我长得像张飞。总之，小朋友在公园里往往会为我的外形喋喋不休地争论着。大概世界上再也没有比我更能启发小朋友们想象力的植物了吧！

害虫黄胸蓟马

黄胸蓟马是危害我健康的害虫，会在我的身上留下灰白色的斑点，危害严重时，会使我的花瓣卷缩、花朵提前凋谢。黄胸蓟马一般小心翼翼地隐藏在我的花朵中，当我一不留神，它就会用“牙”咬碎我的表皮，吸取汁液。

后娘花

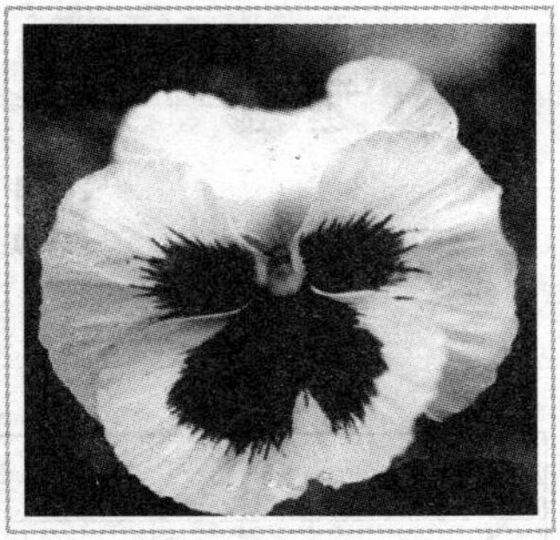

我的花最下面的一枚花瓣长得最大、最花俏，这就是喜欢打扮的后娘。它上面同样花俏的两个花瓣就是后娘的两个亲生女儿，最上面也最灰暗的两瓣是前娘的两个衣衫褴褛的女儿。起初，后娘是在最上边的，受虐待的前娘的女孩在最下边。后来，上帝可怜那个孩子，让她们同后娘换了位置，并且让她的亲身女儿都长上了让人讨厌的小胡子。

去除青春痘

我可以杀菌，治疗青春痘、粉刺、皮肤过敏。在中国医药古籍记载的护肤圣品中，我无疑是最炫目的。三国时期的《名医别录》中就已经把我列为重要护肤药材。隋炀帝为讨后宫佳丽的欢心，曾组织太医研究我去除青春痘的多种方法，并写进《隋炀帝后宫诸宫药方》与《香方粉泽》等书中。

留言板

三色堇的话

亲爱的小朋友，我的外形能启发你的想象力。其实我不仅仅外形有意思，而且我还有药用价值。在波兰，人们都非常喜欢我，而且把我定为波兰的国花呢！小朋友，你都知道哪些植物被定为国花呢？请举几个例子，好吗？

我想对三色堇说

花中之窗

鸡冠花

自我介绍	
科别	苋科
直径	不详
高度	40 厘米 ~ 100 厘米
分布地区	原产非洲、美洲热带地区和印度，现全世界广泛种植
主要特点	花似鸡冠，花和花籽都可入药，有丰富的氨基酸

小朋友们好，我是鸡冠花。你们是不是在公园里见过我呢？因为我的花序长得很像鸡冠，所以我也得到了这个很形象的名字——鸡冠花！

形态特征

我的茎粗壮且直立生长，叶子呈长卵形。我的花聚生在茎的顶部，就像鸡冠一样，扁平而柔软，也有人说我的花像倒立着的扫帚。我的花颜色非常丰富多彩，有紫色、橙黄色、白色、红黄相杂的颜色等。我的种子是紫黑色的，很细小，藏在花冠的绒毛里。

丰富的氨基酸

小朋友，我的花和花籽可以提供人体所需的氨基酸。有些小朋友因为体内缺少氨基酸可能会导致失明哟！我的花籽混合小麦制成面粉，是最理想的补充氨基酸的食品！另外，我的花籽味道很像榛子，可以炒着吃，而且还含有 73% 的蛋白质。

鲜为人知的药用价值

我虽然是人们很熟悉的花卉之一，但是我的药用价值是鲜为人知的。我的花和种子都可以入药。花有凉血止血、止痢疾的功效，种子有消炎、降压、明目的作用。

留言板

鸡冠花的话

小朋友，现在你们了解我的鲜为人知的药用价值了吧？你们也要好好学习，长大做一个对人民有用的人哦！

我想对鸡冠花说

____

____

____

____

多情彩雀的化身
金鱼草

自我介绍	
科别	车前科、玄参科
直径	不详
高度	20 厘米 ~ 70 厘米
分布地区	原产地中海一带
主要特点	花形似金鱼，花色多彩，具有经济价值，有毒

小朋友们好，我是生长在地中海一带的金鱼草。我的别名叫孟买彩雀、洋彩雀，人们说我是一种多情彩雀的化身！

形态特征

我的身高 20 厘米 ~ 70 厘米，叶片是长圆状披针形。我的花冠长得很有意思，就像一个唇形，上唇 2 片花瓣、直立，下唇三片花瓣、向外边弯曲。

空中游泳的小鱼

在微风中，红、粉、黄、淡绿、紫红色的花朵左摇右摆，就像一尾尾美丽的小金鱼在空中游泳！在我的花朵还没有绽放时，小朋友要是用手轻轻地捏一下花瓣两侧，你就会听到“叭”的一声，两个花瓣就像嘴唇那样地随之张开。

和动物有关的别称

小朋友，有意思的是我的别称都和小动物有关。不信，你看！欧洲人觉得我的外型酷似拳师狗，所以把我称作“狮子花”；在日本，人们把我叫做“金鱼草”；还有人觉得我的串生状花序和龙头相似，花瓣又像龙头，因此给我起了别名“龙口花”、“龙头花”。

不过最有意思的是，人们将我称为“孟买彩雀”、“洋彩雀”，这里面还有一个传说呢！传说，彩雀曾被恶魔追杀，幸亏一对好心的夫妻收留才保住性命。因此，在彩雀寿终归天后，为了报答那对夫妻就化为“彩雀花”。

我的经济价值

我不仅仅只是让人欣赏而已，而且还有很高的经济价值呢！我的种子经过压榨之后所产生的油，和橄榄油一样好用！

品种改良

我虽然寿命不长，但是我的花又大又美丽，所以很多园林工作者非常喜欢我。国际上广泛将我用于盆栽、花坛、窗台、栽植槽和室内景观布置，因此在我的品种改良上进步很快，尤其是西欧的发展最快。荷兰在我的品种改良上成就最大，我除了有矮生种、半矮生种、高秆种以外，如今又有了 10 厘米高的超矮生种。

留言板

金鱼草的话

亲爱的小朋友，你们觉得我可爱吗？妈妈告诉我“受人滴水之恩，当以涌泉相报”。知恩图报才是好孩子，所以受到那对好心夫妻的相救，我更要报答他们了！那么，小朋友对于父母的养育之恩，将怎么报答呢？

我想对金鱼草说

____

____

____

____

____

____

花穗朝天

兔尾草

自我介绍	
科别	禾木科
直径	不详
高度	30 厘米 ~ 60 厘米
分布地区	原产东南亚，中国海南、台湾有分布
主要特点	花穗朝天如兔尾，适应力强

小朋友们好，我叫兔尾草。我的样子像兔子的尾巴，因此而得名。你们也许没有见过我，但我在宝岛台湾可大受欢迎呢！

花穗朝天

我的花穗朝天，而且上面长满了密密的很柔软的细毛，特别像小白兔的尾巴。因此，人们都非常喜爱我，给我起了一个很形象的名字“兔尾草”。小朋友们，你们喜欢我吗？

自立能力很强

我对土壤的要求一点也不高，但是要注意排水，因为我不能忍受太湿的环境。我既耐寒，又耐热，自理能力很强。小朋友如果养殖我的话，种好之后可以说不用对我有太多的照顾，最多需要留意不要使我的生长环境过湿就行了。

宝岛之宝

在宝岛台湾我可是小有名气的哟！在那海拔800米以下的平地、山野，我是被专业种植的。

留言板

兔尾草的话

小朋友，我是不是很可爱？我是个自理能力很强的好孩子，很少需要别人照顾，凡是力所能及的事情我都自己处理。你的自理能力强吗？

我想对兔尾草说

____

____

香草之后

薰衣草

自我介绍	
科别	唇形科
直径	不详
高度	按品种分为 30 厘米 ~ 40 厘米、45 厘米 ~ 90 厘米
分布地区	原产地中海沿岸，欧洲各地，大洋洲列岛
主要特点	气味芳香怡人，功效多

小朋友好，我叫薰衣草。虽然人们把我称作草，其实我不是草，而是一种紫蓝色的小花哦！

形似“小麦穗”

我喜欢干燥，花的形状就像小麦穗，每当风吹起时，一整片的薰衣草田就像深紫色的波浪，层层叠叠地上下起伏着，特别美丽。

香草之后

在罗马时代我就是一种普遍的香草。因为我的功效特别得多，因此人们把我称作“香草之后”。我的花、叶和茎都藏有一种油腺，只要轻轻一碰就会破裂而散发出沁人心脾的香味。

中国的薰衣草之乡

我的故乡远在欧洲南部的地中海和阿尔卑斯山的南麓，但现在我在中国也安家落户了！中国新疆的天山北麓与法国的普罗旺斯地处同一纬度带，而且气候条件和土壤条件相似，是薰衣草种植基地，也是中国的薰衣草之乡。新疆的薰衣草已入世界八大知名品种之一了！

穷人的草药

在古代医药缺乏时，我可是“穷人的草药”。我的茎和叶可以作为药，有健胃、发汗、止痛的功效，也是治疗感冒、腹痛、湿疹的良药。全株具有芳香，晒干后香气不变，花朵可以做成香包，香气可以醒脑、驱虫。

留言板

薰衣草的话

小朋友们，我可是穷人的好朋友，经常帮助他们哦！你们帮助过贫穷的人吗？

我想对薰衣草说

____

____

步步高升

百日草

自我介绍	
科别	菊科
直径	不详
高度	40 厘米 ~ 120 厘米
分布地区	原产北美墨西哥高原，现中国各地均有分布
主要特点	短日照植物，开的花一朵比一朵高，花期长，叶片和花序可入药

小朋友好，我叫百日草。我的故乡在墨西哥，现在中国的很多城市都能看到我的踪影。你见过我吗？

一朵更比一朵高

小朋友，我的花期很长，6 ~ 9 月份花朵陆续地开放，保持着鲜艳的色彩。更有意思的是我的第一朵花开在顶端，然后侧枝顶端开花比第一朵开得更高，所以人们形象地把我称作“步步高”。

独特的怪习性

人们都说“万物生长靠太阳”，但是这话对我来说不完全适用。

因为我是短日照的植物，若是每天对我的日照时间过长，反而会推迟我的花期，从播种到开花需要 70 天呢！若每天对我的日照时间少些，我就会提前开花。小朋友们，你们说我的这个习性怪不怪呢？

摘心防止徒长

在生长的后期我非常容易徒长（徒长指的是植物只长茎杆而不长花或果实的情况），人们防止我徒长会对我“摘心”！一般在我长到 10 厘米的时候把我的心摘掉，这样可以促进我腋芽的生长。

留言板

百日草的话

小朋友，你们觉得我的花一朵比一朵高，是不是很有意思呢？其实我的上进心很强，当一个目标完成后，就会设立更高的目标，激发自己取得更大的进步。我也祝愿你能有很强的上进心，在学习中屡创佳绩！

我想对百日草说

____

____

先花后叶会“发烧”
魔芋

自我介绍	
科别	天南星科
直径	块茎直径 25 厘米左右
高度	1 米左右
分布地区	东半球热带、亚热带
主要特点	体内恒温，花雌雄一株

小朋友们好，我叫魔芋，也叫蒟蒻。我有很多特别之处，快来了解一下我吧！

我的样子很特别

我的样子很特别，长长的花序轴上长着一片卷起的像漏斗一样的叶子，叶子里面点缀着紫色的斑纹，实际上就是苞片。苞片里面包着一支长长的“蜡烛”，这就是由很多花组成的花序。花序的上半部分是雄花，下半部分是雌花。

对环境很挑剔

我对环境非常挑剔。我喜欢温暖又害怕高温，喜欢湿润又怕水淹，喜欢风吹又惧怕寒风，这奇怪的脾气决定我不适合在很多地方生长呢！

热血植物

即使在冰天雪地，我的“漏斗”中的温度仍保持在20摄氏度以上，可以把堆在我身边的白雪融化掉，有人把我称作“热血植物”。

可食用的块状茎

在地下，我长出像芋头一样的块状茎，人们磨成粉后用水煮，这样，好吃的魔芋豆腐就出炉了，很受人们的喜爱。联合国也把我确定为十大保健食品之一！

天赐良药

2000多年前，人类的祖先就用我来治病，这在《本草纲目》中都有记载！我的体内含有16种氨基酸、10种矿物质微量元素和丰富的食物纤维，可以防治结肠癌、乳腺癌。因为我低脂、低碳、低热，所以可以预防和治疗肥胖症哟！人们把我称作“天赐良药”。

留言板

魔芋的话

亲爱的小朋友，通过我的介绍，你们是不是觉得我的脾气很怪，而且非常地挑剔？千万不要学习我这个坏毛病哟！

我想对魔芋说

酸甜可口

桑葚

自我介绍	
科别	桑科
直径	不详
高度	5米～6米
分布地区	广泛分布
主要特点	酸甜可口，可食用也可药用，营养丰富

小朋友们好，我是桑树的果实，我叫桑葚。因为酸甜可口，因此我是人们非常喜欢的水果之一！

形态特征

我的树身高5米～6米，树皮是灰白色的，根皮是黄棕色的，纤维性很强。我的叶柄长1厘米～2.5厘米，叶片是卵形，很光滑。我的花有性别之分，并且雌雄不在同一棵树上。我的果实是圆形的，最开始时是绿色的，成熟后变成黑紫色或红色。

不出远门

新疆有很多人种植我，我结出的果实有黑桑、白桑，又大又甜。在六七月份我的果实就会成熟。当我成熟时，我会变得个大、

肉厚、紫红色、糖分足，别提有多好吃了！一般种植我的人们就在路边把我卖掉。因为我的果实不能放置，放置时间稍长汁就会流出来，所以我一般不能出远门！

二十一世纪最佳保健果品

我既可以食用，也有很高的药用价值，是一种天然的保健品呢！我的体内含有丰富的活性蛋白、维生素、氨基酸、胡萝卜素、矿物质等成分，营养是苹果的5～6倍，是葡萄的4倍，具有多种功效，被医学界誉为“二十一世纪的最佳保健果品”。

小朋友请勿多吃

小朋友虽然喜欢我的酸甜可口，但是不要多吃哟！因为我的体内含有较多的胰蛋白酶抑制物——鞣酸，会影响小朋友对铁、钙、锌等物质的吸收。

留言板

桑葚的话

亲爱的小朋友，你好！我小巧玲珑、酸甜可口，你们一定很喜欢我吧！但不能多吃我哟！所以小朋友要学会适量饮食，不要暴饮暴食。你能做到吗？

我想对桑葚说

第五章

神药百草

东北三宝之一
人参

自我介绍	
科别	五加科
直径	不详
高度	40 厘米～60 厘米
分布地区	吉林、辽宁、黑龙江、河北（雾灵山、都山）、山西、湖北
主要特点	似人形，喜阴凉，名贵药材

小朋友，东北三宝有鹿茸、貂皮和人参，我可是闻名遐迩的三宝之一呢！快来了解一下我吧！

形态特征

我的主根是圆柱形的，有很多须根，而且都是细长的。我的花很小，淡黄或深红色。我的果实是扁球形，成熟时是鲜红色。我的根也就是人们常说的“人参”，是名贵药材，形状似人形，被人誉为“百草之王”。

危险的边缘

由于人类过度的采挖，我赖以生存的森林环境遭到破坏，我和我家族的处境已经很危险了！我们家族的“上党参”在中原产区早已灭绝，东北参目前也处于濒临绝灭的边缘。因此，真的希望人类能有节制地采挖，保护好我们！

好参的标准

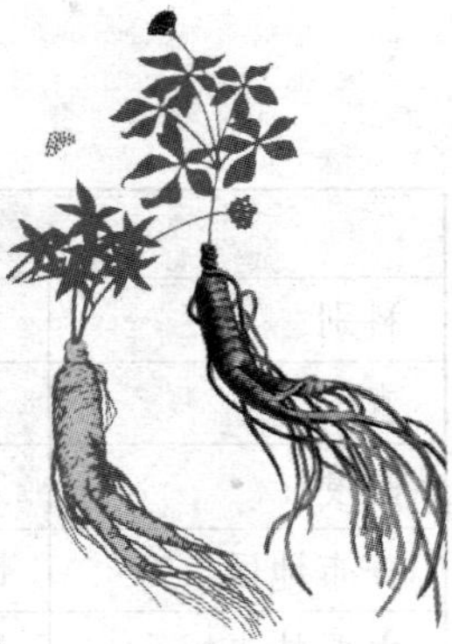

小朋友，知道怎么能鉴别出哪个是好的人参吗？我来教你一招，好让你成为一个鉴别高手！头圆长，皮老黄，纹细密，体形比较美，鞭条须多，一般这样的人参就是我家族中罕见的珍品了！

留言板

人参的话

小朋友，我虽然可以让人强身健体、大补元气、安神益智，但是食用多了却能使人流鼻血。所以，凡事都有一个尺度，你明白这个道理吗？

我想对人参说

____

____

长生不老的仙草
灵芝

自我介绍	
科别	多孔菌科
直径	10 厘米 ~ 18 厘米
高度	7 厘米 ~ 15 厘米
分布地区	欧洲、美洲、非洲、亚洲东部
主要特点	性味甘平，喜湿

小朋友们好，我是生长在湿度高而且光线昏暗的山林中的灵芝！你一定好奇，这种环境怎么能生存呢？呵呵，我是一种菌类，这种环境才是最适合我快快长大的啊！

形态特征

我的外形像一把伞，由菌伞和菌柄构成。人们按照颜色把我分为赤芝、黄芝、白芝、青芝、黑芝、紫芝六种。而其中真正有药理作用并被人们大量种植的只有赤芝。它的边缘薄而且稍微往里卷，菌肉是白色至淡棕色的，菌柄是红褐色的，圆柱形。

生长条件苛刻

我是非常罕见的，要生长必须具备三个条件，缺一不可：由某种珍稀高山动物的尸体附着在千年栎树的朽木之上的芝菌，须在海拔千米以上的阴湿环境气候下才能生长，这三大苛刻的条件决定了我的稀有。

长生不老是“神话”

古代的中国人认为我很神奇，所以把我称作“仙草”。他们认为我有长生不老、起死回生的功效。实际上我没有那么“神”。我的确是一种效果较好的药材，能够预防疾病，有延年益寿的作用，这一点东汉的《神农本草经》、明代的名医李时珍的《本草纲目》中都有详细记载。但我并不能令人长生不老、起死回生，所以不要盲目地“崇拜”我哟！

留言板

灵芝的话

小朋友，我的作用是不小，但是我不是“神药”，不能让人起死回生。因此，你们要尊重科学，不要相信迷信！你身边有没有一些迷信行为呢？面对这些迷信行为，你的态度是怎样的呢？

我想对灵芝说

____

____

大地的苹果

甘菊

自我介绍	
科别	菊科
直径	不详
高度	30 厘米 ~ 60 厘米
分布地区	欧洲、亚洲、北美洲
主要特点	植株不高，花味清香，能消除疲劳、改善睡眠

小朋友们好，我叫甘菊，人们也把我称作“洋甘菊”。用我的花沏出来的茶味道温和，气味芳香，简直让人心旷神怡！

小巧可爱

我的个子不高，最高不过60厘米。我的花朵和雏菊的花朵很像，细小纯白色的花瓣，中间的花蕊是金灿灿的，散发着淡淡的清香，人们觉得我非常小巧可爱。

“大地的苹果”

当你失眠的时候，喝上一杯甘菊茶，可以消除疲劳，很快进入梦乡。我的花朵还有滋润皮肤的功效，希腊人非常钟爱我，把我称作“大地的苹果”。 擅长运用植物功效治病的古埃及人对我也是十分推崇，并常用我来退烧。欧洲人也对我喜爱有加，在欧洲大陆到处可以看到我的影子。

长期保健

我虽然可以退肝火、消除眼睛疲劳、改善睡眠、提神、增强记忆力、降低胆固醇，但是科学家在我的花油中发现了抗氧化物和一些有抑制微生物滋生功能的元素，这说明只有长期饮用我的花茶才能有更好的保健作用！

留言板

甘菊的话

小朋友，看了我的故事，你们对我有了了解吧？我具有保健作用，但须长期坚持饮用才能看到效果！小朋友们在学习、做事时也要坚持不懈，这样才能收获成功的果实！

我想对甘菊说

____

____

____

众药之王

甘 草

自我介绍	
科别	豆科
直径	不详
高度	30 厘米 ~ 100 厘米
分布地区	中国内蒙古、山西、甘肃
主要特点	味甘甜，可与其他草药调和，降低 SARS 病毒再生

小朋友，你好，我叫甘草。尽管我长得平凡无奇，但是我在医学上的地位不容小视哟，我可是重量级的！

形态特征

我的适应能力很强，可以生长在干旱、半干旱的荒漠草原、沙漠的边缘，是斗风沙的先锋。我的根是圆柱形的，表面是红棕色或灰棕色的，具有明显的纵皱纹、沟纹、皮孔以及稀疏的细根痕，味甘甜。

药中“国老”

我在中国已经有很悠久的历史了。早在 2000 年以前，《神农本草经》就将我列为上品。南朝医学家陶弘景将我尊为“国老”，“国老”是帝师的意思，可见我的地位不可小视。

良药不苦口

都说良药苦口，我看不尽然。我的体内含有甘草甜素，有一种奇特的甜味，因此人们也亲切地把我称作“甜草”。我是真正的良药不苦口！

古今医学家对我的推崇

从古至今，我是中药中医用最广泛的药物之一。我的药性缓和，能和很多药调和在一起，在许多处方里都由我来“压轴”。所以，医学家们都非常推崇我，把我应用到临床医学中去。我可以主治五脏六腑寒热邪气、五劳七伤、润肺解毒、和中缓急。

我可以显著降低 SARS 病毒的再生能力，这一点有德国科学家在《柳叶》杂志上发表的文章为证。专家们说，他们还不清楚我为什么能对 SARS 的冠状病毒产生效果，但是至少在实验中显示我是有效地降低了病毒的再生速度。

留言板

甘草的话

亲爱的小朋友，虽然我被人们推崇为“药中国老”，但是我还是一棵朴素无华的小草。小朋友要向我学习，不管得到多大的荣誉，都要保持一颗朴素的心灵。

我想对甘草说

口腔的清洁医生
薄荷

自我介绍	
科别	唇形科
直径	不详
高度	30 厘米 ~ 90 厘米
分布地区	北半球温带地区
主要特点	叶子青气芳香，口感冰爽，可杀菌、灭菌

小朋友好，我叫薄荷，土名叫“银丹草”。你对我应该很熟悉吧？每天早上起来刷牙使用的牙膏中可能就含有我的成分哦！

形态特征

我在山野的湿地或者小河旁边生长，我全身清气芳香。我的叶片毛茸茸的，形状像锯齿，叶脉明显。我的花开在最顶端，花穗是白色的。

坚强隐忍的曼茜

我的名字与一个希腊的传奇故事有关。冥王哈迪斯爱上了美丽的精灵曼茜，冥王的妻子佩瑟芬妮十分嫉妒。为了使冥王忘记曼茜，佩瑟芬妮将她变成了一株不起眼的小草，长在路边任人踩踏。可是内心坚强善良的曼茜变成小草后，她身上却拥有了一股令人舒服的清凉迷人的芬芳，越是被摧折踩踏就越浓烈。虽然变成了小草，她却被越来越多的人喜爱，人们把这种草叫做薄荷，于是我就有了这个名字。

中国常用中药之一

我是中国常用中药之一。我能治疗流行性感冒、牙床肿痛、头痛、皮疹、湿疹等症状。人们还用我的叶子泡茶，可以清心明目哟！拿泡过茶的叶片敷在眼睛上会感觉到清凉，能解除眼睛疲劳，因此人们给我起了个别称叫做“眼睛草”！

我有极强的杀菌灭菌作用，用我的叶子泡过的茶漱口，可以防止口臭，因此，我被人们誉为“口腔清洁的医生”。

留言板

薄荷的话

小朋友，听了我的介绍你们对我更加了解了吧？其实我离你们并不远，请你注意生活中哪些地方有我的存在好不好？

我想对薄荷说

____

与玫瑰相克
木犀草

自我介绍	
科别	木犀草科
直径	不详
高度	30 厘米
分布地区	原产北非，中国有分布
主要特点	体内能分离出木犀草素，与玫瑰很难“相处”

小朋友好，我是木犀草。人们从我的体内提取了木犀草素，可以治疗很多的疾病呢！

味道浓重

我的故乡在北非，现在在中国也能找到我！我的花很小，颜色是橘色的，有厚重的味道，就像桂花散发出来的味道一样。

我的生长习性

我喜欢夏天，每天要进行充足的阳光浴。我的适应能力不是很强，所以对土壤的要求也比较高，土壤一定要松软、肥沃。因为我很难适应不同的环境，人们也很少对我进行迁移。

与玫瑰相克

虽然玫瑰非常美丽，但我似乎不是很喜欢它，我和它很难相处。如果把我和玫瑰种在一起，我很快就会凋谢。但是我不甘示弱，在我凋谢之前，我也会从体内释放一种物质，使玫瑰中毒身亡。

木犀草素

木犀草素最初因为从我的叶子、茎、枝中分离出来而得名。小春花口服液中最主要的成分就是从我体内分离出来的木犀草素，主治清肝解热、散风解毒，临床上用于治疗呼吸系统疾病。其实木犀草素在大自然界分布广泛，不是我体内特有的，金银花、菊花、荆芥等花草中也含有。

留言板

木犀草的话

小朋友，我和玫瑰相处得不好，成为了相克的植物。你还知道哪些植物是“冤家对头”，不能一起种植吗？

我想对木犀草说

祛暑良药

藿　香

自我介绍	
科别	唇形科
直径	不详
高度	0.5 米～1 米
分布地区	中国、俄罗斯、朝鲜、日本、北美洲均有分布
主要特点	味苦，可祛暑

小朋友好，我叫藿香。听到我的名字，你一定不觉得陌生吧？因为你会不由自主地想到藿香正气水！你一定不是很喜欢那味道苦涩、难以下咽的药水。但正所谓“良药苦口利于病”，它可是祛暑的良药哟！

形态特征

我的茎直立向上生长，叶子很大，边缘有粗齿，与薄荷叶子的形状有些相似，因此人们也把我称为“大叶薄荷”。我的花是淡紫色、一束束的，样子像薰衣草！

我的生长环境

我生长在海拔 170 米～1600 米的山坡或路旁。喜欢温暖湿润的气候，但也比较能忍受寒冷，在北方的田间我也能过冬。我对土壤的要求不高，但是我怕干旱，排水好的沙质土壤最利于我的生长。

善良的小姑霍香

我的名字由来有一个故事！很久以前，在深山里住着一户人家，哥哥出征常年在外，家里只剩下姑嫂两人，她们两人相处得非常融洽。一天嫂子因劳累病倒在床，小姑去山上为嫂子采草药，但是直到天黑她才跌跌撞撞地回到家，原来是小姑被毒蛇咬伤了。她不忍心让嫂子帮她吸毒，等到乡亲们把郎中请来，已经为时过晚了。后来，嫂子用小姑采来的草药治好了病。乡亲们为了纪念这位善良的小姑，于是把草药起名“藿香”。

我的用处还真不少

我的全身都可以入药，有止呕吐、治霍乱腹痛、驱逐肠胃充气、清暑等功效。果实可以作香料；叶及茎里面富含挥发性芳香油，有浓郁的香味，可以做芳香油原料。我还可以作为烹饪佐料或材料，某些比较生僻的菜肴和民间小吃中利用我的丰富口味，增加营养价值。

留言板

藿香的话

小朋友，夏天的高温天气会让人中暑，中暑后服用藿香正气水可以祛暑。小朋友，在炎热的夏天里，为了防止中暑，你觉得该注意些什么呢？

我想对藿香说

万能草药

芦荟

自我介绍	
科别	百合科
直径	不详
高度	10 厘米 -20 米
分布地区	原产非洲热带沙漠地区，现世界各地均有分布
主要特点	叶肥厚，乳汁可入药

小朋友好，我是芦荟。你对我一定不陌生吧？没错，或许在你家的阳台上就能找到我呢！

千姿百态

我的品种至少有 300 种以上，在我的故乡非洲大陆就有 250 种，马达加斯加大约有 40 多种，其他 10 种分布在阿拉伯等地。因为品种不同，形态差异也很大。有的像巨大的乔木，身高可以达到 20 多米，有的身高只有 10 厘米。叶子和花的形状也有不同，真是千姿百态，但是我们却都能深受人们的喜爱。

名字的由来

小朋友，虽然你对我很熟悉，但是你并不知道我为什么叫这个名字吧？“芦”字在中文里面的意思是“黑”，而“荟”是聚集的意思。如果你把我的叶子切开，汁液是黄褐色的，遇到空气氧化就变成了黑色，又凝为一体，所以人们把我称作“芦荟”。

体弱者不要食用我的新叶

早在古埃及的时候，人们把我称作“万能解药”。不过，虽然我有清热解毒的功效，但是并不是所有人都适合食用我的新叶，对于体质强的人比较适合。那些体质弱的人或者脾胃虚寒的人就不能食用我的叶子，食后会出现呕吐、剧烈的腹痛、腹泻等症状。所以，只有了解适应性之后才能更好地发挥作用哟！

神奇的天然美容师

早在公元前14世纪，埃及皇后尼菲提就使用我的叶子乳液美容，从而使她拥有细嫩洁白的肌肤和柔软光滑的头发。被作为美容、护发和治疗皮肤疾病的天然药物，我被人们称作“神奇的天然美容师”。同时，我还被联合国粮农组织推荐为“21世纪人类最佳保健食品”。

留言板

芦荟的话

小朋友，我的新叶虽然有解毒作用，但是并不适合所有体质的人。很多保健品或药物也是一样的，虽然有很好的效果，但要因人而异哟！你身边有盲目服药结果得不偿失的例子吗？

我想对芦荟说

金色柱头

番红花

自我介绍	
科别	鸢尾科
直径	2.5 厘米～ 3 厘米
高度	15 厘米左右
分布地区	原产地欧洲南部，现中国也有分布
主要特点	柱头可入药，味香

小朋友好，我叫番红花。说到我的名字，小朋友一定在摇头说不认识！但是我要是说“藏红花”，你肯定恍然大悟了吧！呵呵，没错，“藏红花”就是我的俗称！迄今为止，我是世界上最昂贵的香料哦！

形态特征

我的茎是扁圆球形的，直径大约 3 厘米，叶子是绿色的，很细，花茎很短不露出地面。我只开一两朵花，有淡蓝色、红紫色、白色。我的花朵是黄色，花柱橙红色。花柱和柱头可入药，就是人们常说的“藏红花”。如果你将我的柱头放在水中，你就能看到它立刻膨胀，而且橙黄色会直线下降，并慢慢地扩散，水一会儿就会变成黄色，并且没有任何的沉淀物。

金色柱头贵比黄金

我的金色柱头很名贵，比黄金的价格还贵！它带有强烈的独特香气和苦味，可以用于食品的调味和上色，也可以作为染料。它在地中海地区和东方菜肴以及英国、斯堪的那维亚和巴尔干的面包中作调色和调味佐料，也是法式菜浓味炖鱼的重要成分。古代印度蒸馏我的柱头得到一种金色水溶性布匹染料。在释迦牟尼去世后，他的弟子用我的花作为他们法衣的正式颜色。一些王室的服装也是用我的花染成的。

小柱头大作用

我能成为很名贵的药材，主要归功于我的小小柱头，因此才显得十分珍贵。它有镇静、祛痰、解痉的作用，用于胃病、调经、麻疹、发热、黄胆、肝脾肿大等疾病的治疗。

留言板

番红花的话

小朋友，我有过很坎坷的经历，你们知道是什么吗？

我想对番红花说

____

延年益寿的神药

何首乌

自我介绍	
科别	蓼科
直径	不详
高度	2 米 ~ 4 米
分布地区	中国的陕西、华东、华中、华南、四川、云南及贵州，日本也有分布
主要特点	乌发，延年益寿

小朋友，你好，我叫何首乌。提到我，你们一定首先想到的就是我的神奇美发功效吧！其实，我除了可以让人们的头发更秀美之外，还有延年益寿的功效呢！

形态特征

我生长在海拔 200 米 ~ 3000 米山谷、灌木丛或山坡的树林下。我的藤和木莲的藤缠在一起，木莲有莲房一般的果实，而我有臃肿的根。我的根非常肥大，呈长椭圆形，黑褐色，人们觉得我的根像人形。我的花是白色、淡绿色的。

嵩山首乌

我的颜色有红色和白色之分，其中红色的根块才可以作药用。我的家族大多数在嵩山生长，这早在宋朝的《开宝本草》中就有记载，因此我们也叫“嵩山首乌”。

生首乌和制首乌

小朋友，我们首乌分为生首乌和制首乌。直接切成片状入药的是生首乌，那么需要用黑豆煮的汁拌蒸后晒干再入药的则是制首乌。两者的功能也有所不同，生首乌有解毒、通便的作用，而制首乌可以乌黑头发、补肝肾。

延年益寿

以我为主要成分制成的抗衰老剂“首乌丸”、“嵩山首乌茶”非常著名，可以改善中老年人的衰老症象，比如白发、齿落、老年斑等。能提高人体免疫力，抑制让人衰老的“脂褐素”在体内的沉积。我还能扩张心脏的冠状动脉血管，降血脂，促进红细胞的生成，对冠心病、高血脂症、老年贫血、大脑衰退、早老征象等都有预防效果。

留言板

何首乌的话

小朋友，我离你们并不远，在一些乌发洗发水中就可能有我的成分呢！看看你的爷爷奶奶是不是在使用我！

我想对何首乌说

____

跌打损伤的良药
吉祥草

自我介绍	
科别	百合科
直径	不详
高度	30 厘米
分布地区	原产中国长江流域以南各省及西南地区，日本也有分布
主要特点	全草可入药，主治跌打损伤；可水养

小朋友好，我叫吉祥草，也叫观音草。虽然我很平凡，但是我和我的家族用团结的力量谱写了一曲铿锵有力的生命赞歌！

团结的力量

我和我家族成员一起生活，我们相互依偎着，相互搀扶着。我们的身高差不多都只有 30 厘米。短小的细茎都匍匐在泥土的表层。6 ~ 9 月份，花茎从叶束中抽出。花的颜色是紫色的，散发着芳香，花开后结出鲜艳的紫红色的果实。我们团结在一起，放眼望去，一片紫色，格外引人注意。

随遇而安

别看我弱小，但是我却能耐得住炎热，抵得住寒冷，适应能力非常强，对土壤的要求也不高，可以随遇而安。

精致高雅的艺术品

由于我的形态优美，叶子的颜色青翠，人们了解我耐寒耐阴的习性，将我装入各式各样的金鱼缸或其他玻璃器皿中进行水养栽培，然后把我摆在吧台、茶几上，则缸中有水，水中有石，石中有根，清濯互见，不失为一种精致、高雅的艺术品。

展示我独特的美

小朋友要是把我从土里挖出来，尽量挖深点，土也要多带些，千万不要嫌脏哟！这样做有两个目的：第一，这样不会损伤我的根，有利于我在水里生长；第二，因为水是透明的，完整的根在水中能展示我独特的美。

留言板

吉祥草的话

小朋友，人们利用我耐湿耐阴的特性，把我放在水里养殖，让我可以展现另一种美！你家中现在有什么植物在水中养殖呢？

我想对吉祥草说

使声音告别嘶哑

胖大海

自我介绍	
科别	梧桐科
直径	不详
高度	40 米左右
分布地区	越南、印度、马来西亚
主要特点	干燥的种子可利咽解毒，花雌雄同株

你好，我叫胖大海。对于我的名字大家很熟悉。但是除了名字，小朋友大概对我知道的就很少了吧？快来了解一下吧！

自我介绍

我是落叶乔木，个子可高了，可以达到 40 米呢！我的叶子是椭圆状披针形，长 10 厘米～20 厘米，宽 6 厘米～12 厘米，很光滑。我的花有性别之分呢！雄花有 10～15 个花蕊，而雌花却只有 1 个花蕊。我的果实像条小船，长 24 厘米左右，是深褐色的棱形。

我的种子“胖大海”

我的种子表面上是深棕色的，而且微微的有光泽，有不规则的干缩皱纹。种子最外层的皮非常薄且容易脱落，中层的种皮呈黑褐色，很厚实。如果小朋友把我种子的中层皮泡到水里，你会发现它膨胀得和海绵似的，所以被称为“胖大海”。

别名很多

我生长在越南、印度和马来西亚等地，别名很多，有莫大、澎大海、安南子、大海子、大洞果、胡大海、胡大发。

特别关注

许多人嗓子不舒服时第一个就会想到我，我能帮助嗓子嘶哑的人恢复声音，但切记不要把我和茶水放在一起饮用，这样有可能出现皮肤发痒、口唇水肿等不良反应，长期饮用会威胁生命！

是药三分毒

中草药当茶喝已经成为了人们的一种时尚，一些人把我的种子、银杏叶、甘草信手拈来，随意泡茶服用，但是却忘记了“是药三分毒”的古训。我是不适宜长期饮用的，只是适合于当人们的嗓子嘶哑并伴咳嗽、口渴、咽病等症的时候使用。

留言板

胖大海的话

小朋友，听完我的介绍你们是不是又多了一点生活常识啊？当你的身边有亲人或是朋友把茶和草药泡在一起饮用时，小朋友一定要善意地提醒他，好不好？

我想对胖大海说

无肩寄生军

天 麻

自我介绍	
科别	兰科
直径	不详
高度	30厘米～150厘米
分布地区	热带、亚热带、温带、寒温带的山地
主要特点	无根无绿叶，块茎寄生

小朋友好，我叫天麻。我在中国已经有2000年的历史了。我是一种奇特的植物，我的形态就连神医李时珍也不曾准确地描述哦！

无根无绿叶

小朋友，不要诧异，我没有绿叶也没有根，不能进行光合作用。我的块茎常年潜居在土壤里。因为我本身没有直接吸收土壤中的营养和制造营养的器官，所以我必须依靠寄生才得以生存下来，我的寄主就是“蜜环菌”。

当我的种子刚萌芽时，我所生出的小块茎就被蜜环菌的菌丝网附上了。它很快地侵入到块茎的表皮组织，将我的皮层细胞中的物质消化吸收，据为已有，这时我就变成了它的寄主。但是，当蜜环菌得寸进尺地继续向我的块茎内部深入时，形势出现了逆转。我的块茎内部的细胞能将侵入的菌丝溶解消化，转化成我自身的营养物，从此，它就成了我的“盘中餐”。这就是我和蜜环菌的反攻为守的较量。

小小神医

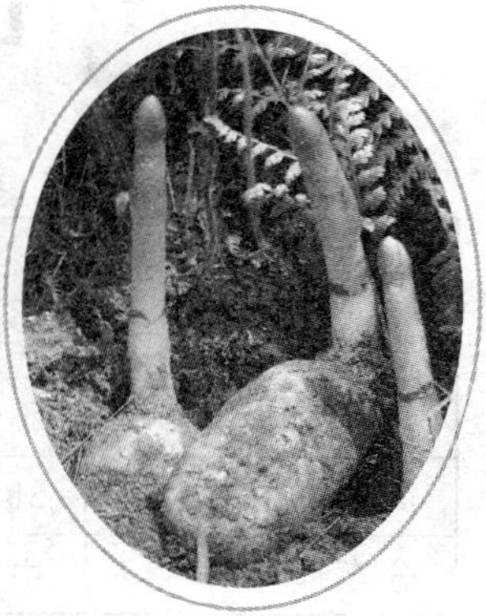

虽然我没有绿叶，也没有根，但是我却是一名小小的“神医”，能帮助人们解决一些疾病之苦。我的块茎中主要含有天麻素，有熄风、止痉的功效，主治眩晕、头痛、四肢麻木、风湿疼痛、小儿痉挛等。

留言板

天麻的话

亲爱的小朋友，你们不必为蜜环菌的命运担忧，它虽然成为了我的食物但并不影响它的生存。它除了侵犯我之外，同时还会侵入周围的腐木和其他植物的根或干的皮下组织，掠夺它们的营养。我则不同，如果没有蜜环菌，我很快就会被饿死，因此人们把我称作“无骨寄生”。所以，小朋友不要向我学习，做人一定要有骨气才行！

我想对天麻说

____

____

植物中的异类
七叶一枝花

自我介绍	
科别	豆科
直径	不详
高度	30 厘米～100 厘米
分布地区	中国、不丹、锡金、尼泊尔、越南等地
主要特点	花和叶子的形状相似，可治毒蛇咬伤

小朋友，你好，我叫七叶一枝花。我的名字是不是很有诗意呢？快来了解一下我吧！

植物中的异类

我算是植物中的异类，不是我的脾气不好，也不是我的性格怪异，而是我的样子很特别！我最大的特征是一圈轮生的叶子中冒出一朵花，这还不是很稀奇的，稀奇的是花的形状极像叶子。我的花分成两部分：外轮花和内轮花。外轮花与叶子很像，约有六片，而内轮花约有八片，让你一眼就可以看出来。

叶子不一定是 7 片

我的叶子一定是 7 片吗？答案是否定的。实际上，我的叶片不一定都是7片，多于7片或者是少于7片的情况都有可能，确切地说，应该是6～9片。

医治毒蛇咬伤

有人用我的叶子捣烂涂敷在被毒蛇所咬的伤口上，不久伤口就好了。从此，我就成了医治毒蛇咬伤的名药。

留言板

七叶一枝花的话

亲爱的小朋友，我的叶子不一定是7片的，这说明在我们植物界虽然有一定规律可循，但是也有特殊的情况哟。因此要学会变通啊！

我想对七叶一枝花说

____

____

清热解毒良药
板蓝根

自我介绍	
科别	十字花科、爵床科
直径	不详
高度	40 厘米 ~ 90 厘米
分布地区	中国各地均有分布
主要特点	味苦，属寒凉，抗病毒

小朋友好，我叫板蓝根。当你们感冒发烧的时候，也许妈妈就会给你喝由我制成的药剂哦!

常用中药

我是一味常用中药，作为药的历史已经800年了。我主要的功能有清热、解毒、凉血、利咽，主治湿毒发斑、高热头痛、水痘、肝炎、流行性感冒、病毒性肺炎等。

南北之分

板蓝根有南北之分。北板蓝根是十字花科植物菘蓝的根。因为它主要生长在河北、北京、黑龙江等北方城市，所以被称作“北板蓝根”。而爵床科植物马蓝生长在贵州、福建、两广等南方省区，因此人们把马蓝的根叫做“南板蓝根”。

正确看待和使用

因为我有抗病毒的作用，所以成为许多家庭药箱的常备药。不少人认为我是中药，多吃点没有什么坏处，然而，是药三分毒，我也不例外哟！医学专家认为，我属寒凉，虽然从未有因服用我而中毒的事情发生，但是也不要过量服用，时间长了，服用的多了，就会积“药”成疾，酿成后患。特别是老年人和小孩子不可滥用！

留言板

板蓝根的话

亲爱的小朋友，你们知道日积月累的作用了吧？吃药不能过量，以免积累成疾。但你们为了实现自己的理想，就要靠平时多付出，多积累知识。小朋友，你记住了吗？

我想对板蓝根说

____

____

与宋武帝同名 刘寄奴

自我介绍	
科别	菊科
直径	不详
高度	30厘米~80厘米
分布地区	在中国江苏、浙江、江西等地均有分布
主要特点	茎似艾蒿，叶像兰草，可治刀伤

小朋友，你好，我叫刘寄奴。在菊科中我是一种并不起眼的植物，可是我的名字与宋朝一位皇帝的名字一样哦！想知道这其中的渊源吗？耐心往下读吧！

形态特征

我生长在江南，茎是红紫色的，和艾蒿很像。叶子呈长椭圆形或是披针形，边缘有锯齿，上面是绿色，下面是灰绿色。花是淡黄色的。

刘寄奴名字的由来

说起奇蒿这个学名，恐怕小朋友们都会摇摇头说不知道。但是提起我的中药名字刘寄奴，知道的人就会多了。那可是宋武帝刘裕的小名，你们想不想知道，如此平凡不起眼的我为什么能和皇帝同名？那么我们一起去寻找答案吧？

原来在刘裕称帝之前，有一次率兵出征新洲，途中被一条蟒蛇所挡，他急忙拉弓搭箭，一箭正中蛇身，蟒蛇负伤逃走。第二天，他上山隐隐听到一阵捣药声，于是循声而去，只见有几个青衣童子在捣药，便上前问："你们在为谁捣药呢，治什么病呢？"童子说："我王被刘寄奴射伤，所以派遣我们来采药。"刘裕大喊一声："我就是刘寄奴。"不料转眼就不见那几个童子的身影了，地上只留下几束草药。他便把剩余的草药拿回去，捣碎给人治疗刀伤，不料效果奇佳。士兵们都不知道这是什么药，只知道是刘寄奴射蛇得来的仙草，于是给它起名"刘寄奴"。

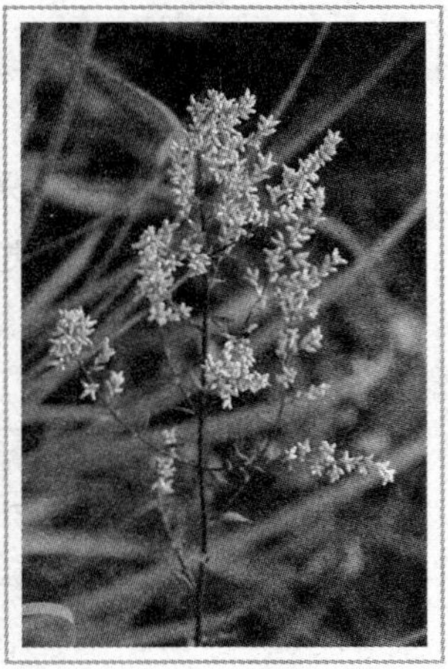

家有刘寄奴，不怕刀伤颀

8 月里，我的花开了，人们将我拔根而起，晒干就可以加工成中药了。我的味道有点苦，主治破血通经、敛疮消肿、跌打损伤、金疮出血等，江浙至今还流传着"家有刘寄奴，不怕刀伤颀"的说法呢！

与我重名的阴行草

有意思的是，人们把玄参科植物阴行草也叫做刘寄奴，这样我们就重名了。人们为了区分我们，就按照地域把我们分为北刘寄奴和南刘寄奴。又因为我生长在江南地区，因此人们管我叫“南刘寄奴”，而阴行草就被称作“北刘寄奴”了。

留言板

刘寄奴的话

亲爱的小朋友，我非常荣幸和宋武帝刘裕同名，能和皇帝用一个名字，是我无尚的光荣。那么小朋友，你们知道关于宋朝的历史吗？请讲几个故事给我听，好吗？

我想对刘寄奴说

____

____

____

____

____

____

清肝明目

决明子

自我介绍	
科别	豆科
直径	不详
高度	1 米 ~ 2 米
分布地区	全世界热带地区，中国江南各省有分布
主要特点	成熟的种子可入药，味苦，微寒

小朋友，我叫决明，我的种子叫决明子，它有清肝明目的作用，好好了解一下吧！

清肝明目

我的花是黄色的，因为成熟的种子能清肝明目而出名！我的种子味苦、性微寒，能润肠通便、降脂明目，可以治疗高血压和便秘。

种子的别名

我的种子决明子有很多很有意思的别名：草决明、羊明、羊角、马蹄决明、还瞳子、狗屎豆、假绿豆、马蹄子等。

物美价廉的保健品

决明子除含有糖类、蛋白质、脂肪外，还含甾体化合物、大黄酚、大黄素等，还有人体必需的微量元素铁、锌、锰、铜、镍、钴、钼等。所含大黄素、大黄酸对人体有平喘、利胆、保肝、降压功效，并有一定抗菌、消炎作用。其中大黄素葡萄糖甙、大黄素蒽酮、大黄素甲醚，具有降低血清胆固醇和强心作用。所以说决明子是一种物美价廉的天然保健品。

留言板

决明子的话

亲爱的小朋友，看到我能清肝明目，你们是不是觉得很神奇呢？其实你们只要在平时注意用眼卫生，好好保护视力，你们也能有很好的眼力！

我想对决明子说

____

____

药食均可

桔梗

自我介绍	
科别	桔梗科
直径	不详
高度	40 米 ~ 90 米
分布地区	中国，朝鲜，日本，西伯利亚的东部
主要特点	花苞像小星星，既可入药又可食用

你好，我叫桔梗。我不仅仅是药材，而且还能被人们做成盘中的美味佳肴！

唯美的花苞

我拥有淡紫色和淡蓝色的花。在我含苞待放时，花苞像是小朋友手工做成的小星星，手指大小，中间鼓鼓的，周围恰到好处地突起五个小角，这种三维曲面的美就连用最好的几何图形也不能描述！它们绽放开来就呈现出严格的五次旋转对称的图形。我还有个英语名字叫 balloon flower，意思是气球花。我的花的样子的确像降落伞状的气球。

《神农本草经》将我列为下品

我的药效已经有 2000 多年的历史了，不信你去看看《神农本草经》，那里面有关于我的记载。《神农本草经》用“三品分类法”来框定我们这些草药。书中共记载中药365种，分为上、中、下三品。上品药120种为君，主养命以应天；中品药120种为医，主养性以应人；下品药125种为佐使，主治病以应地。我不幸与连翘、射干、皂荚、贯众等被列为下品。

《本草纲目》解释我的名字

名医李时珍在《本草纲目》中解释我的名字说：“此草之根结实而梗直。”我主要医治外感咳嗽、肺痛、咳吐脓血等。

可口的小菜

我还可以食用，用我的根腌制的小菜美味爽口，是朝鲜族的特色菜。腌制时通常将我的根皮去掉，把白色的根肉直接撕成白条，加入辣椒、盐、味精等调料，非常可口呢！

留言板

桔梗的话

亲爱的小朋友，我的作用不仅仅是做药品，而且还可以成为可口的小菜，你们喜欢我吗？在植物界中有不少草药也能做成食品，让人们食用，你还知道哪些呢？

我想对桔梗说

能解蛇伤之毒的仙草

半枝莲

自我介绍	
科别	马齿苋科
直径	不详
高度	15 厘米 ~ 40 厘米
分布地区	原产北美巴西，现在世界各地均有分布
主要特点	能解毒蛇咬伤的毒

小朋友好，我叫半枝莲。我的祖先在北美的巴西，我随同爸爸妈妈来到中国，在中国南方各省都能找到我的影子！

形态特征

我的茎下半部分匍匐着生根，上半部分直立生长。叶片有的是三角状卵形，有的是卵圆形，边缘有波状钝齿。开的花很小，花冠唇形，蓝紫色。果实是小坚果，棕褐色，卵圆形。

能解蛇毒

我能解蛇伤之毒呢！关于这一点，在《泉州本草》中有记载！里面说我有解毒、祛风、散血、通络、止痛等功效，内服主要可以止鼻血、吐血。外用可治毒蛇咬伤，还有一些不知名的肿痛。

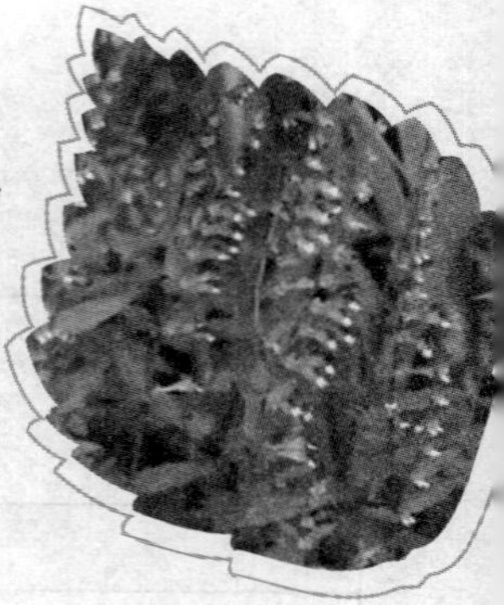

别名多到无人能及

小朋友，我的别名多到你难以想象，在植物界中无人能及！不信，你看！并头草、狭叶韩信草、牙刷草、四方马兰、半枝莲、挖耳草、通经草、紫连草、小韩信草、小韩信等等，这些都是我的别名，多到都数不过来！

韩信草

小朋友，不知道你留意没，我的别名中有三个与韩信有关。那么，你想知道这是怎么回事吗？汉朝大将军韩信幼年丧父、青年丧母，靠卖鱼为生。有一天他被几个无赖欺负，卧床不起，邻居赵大妈照顾他，从田间采来草药给他煎服，很快，他就恢复了健康。后来韩信成为了将军，非常爱护士兵。有人受伤，他一边慰问，一边派人到田间去采草药。为了感谢韩信，士兵把这个不知名的草药分别叫做“狭叶韩信草”、“小韩信草”、“小韩信”。

留言板

半枝莲的话

亲爱的小朋友，韩将军爱戴士兵的精神令人感动。小朋友，在生活中，使你有荣誉感的事情是什么呢？请你悄悄告诉我好吗？

我想对半枝莲说

名贵的滋补药材

杜 仲

自我介绍	
科别	杜仲科
直径	不详
高度	20米左右
分布地区	原产中国，日本、欧洲等地有分布
主要特点	树皮含有杜仲胶，杜仲属唯一孑遗植物

小朋友，你好，我叫杜仲。我是和西周监国杜仲重名的植物哦!

形态特征

我生长在山林中，是个大高个，身高在20米左右。树皮灰棕色，粗糙且干燥，上面有不规则的纵裂槽纹和地衣斑。叶子是椭圆形的，长7厘米～15厘米，宽3.5厘米～6.5厘米。花有性别之分，雌花和雄花不开在同一植株上，有时和叶子同时开放，有时候先于叶子开放!

杜仲属唯一的孑遗植物

经过很多的努力，人们在地球上发现了杜仲属的植物有14种，但是它们都在大陆和欧洲相继灭绝，只剩下了杜仲。我不仅仅有很高的经济价值，而且对于研究被子植物系统演化以及中国植物区系的起源等，都具有极为重要的科学价值。

名贵的药材

要说树皮可以入药的，最常见也最贵重的非我杜仲莫属了！在中医里我可是名贵的药材，早在2000多年前，《神农本草经》就将我列为上品。我的树皮含有杜仲胶、树脂、有机酸等药用成分，晾干就可以入药，有温补肝肾、安定胎儿、强筋健骨的作用，还能降血压呢！

优质的橡胶

杜仲胶除了药用价值，还是一种优质橡胶。我的树皮、枝叶和果实都含有白色富有弹性丝状的杜仲胶，果实中含量高达21.3%，枝叶和树皮中的含量为2% ~ 3%。

留言板

杜仲的话

小朋友，听到我的名字，你第一反应就是西周的监国杜仲吧！在植物界名字和人物一模一样，你知道这样的植物有哪些呢？

我想对杜仲说

______

第六章

敬而远之的毒性植物

食肉一族

猪笼草

自我介绍	
科别	猪笼草科
直径	不详
高度	野生可高达20米
分布地区	热带亚洲地区
主要特点	卷须末端生长捕虫囊，能捕捉小昆虫

小朋友好，你见过吃肉的植物吗？我就是植物中的食肉一族，我叫猪笼草！别光顾着惊讶，来认识一下我吧！

瓶子的形成

我之所以能吃肉——捕捉小昆虫，是因为我的身上有一个独特吸收营养的器官——捕虫囊。它的形状像一个圆形筒，只是下半部稍微大些。样子看起来特别像猪笼，因此人们把我称作“猪笼草”。

小朋友们，你们一定奇怪那个像猪笼的瓶子是怎么形成的吧？那么我来告诉你吧。我的叶柄上有一个粗大的叶脉通过，叶脉最后穿出叶柄而成为卷须，瓶子就来自于卷须的末端。当一片叶柄新长出来时，在末端的卷须便已带有一个瓶子的芽。在初期，这个芽的表面覆有一层细毛，在成长的过程中慢慢地消失了。瓶子的芽一开始是褐色、扁的，长到 1 厘米～ 2 厘米长时，渐渐转绿，并开始膨胀起来。在瓶盖打开前，瓶子会先产生其特有的颜色与花纹、斑点，此时的瓶子即将成熟；瓶盖打开后，瓶口的唇会向外翻，并开始呈现色彩，这时瓶子的成熟速度慢慢加快，几天后就可以开始捕虫了。

我笼子开口的边缘会分泌蜜汁，受此吸引的昆虫采食时滑落笼中，笼子内壁光滑无法爬出，笼内分泌的消化液可将昆虫淹死并消化吸收，这样我就把虫子吃掉了！我的瓶子简直就是一个“死亡陷阱”，因此我也被人们称作树上的“玉净瓶”。

特殊用途

我的伙伴中身上的笼子最大的长 50 厘米，直径 25 厘米。小朋友，你知道我除了能捕捉虫子，还有什么特殊用途吗？以前东南亚地区有些居民经常把我身上的笼子当快餐盒装饭出售，给游客食用。

留言板

猪笼草的话

小朋友们，我身上瓶口的蜜汁可以吸引“嘴馋”的昆虫，致使它们丧命于我的瓶子里。小朋友，当你遇到陌生人给你好吃的东西时，千万不要随意接受哦！

我想对猪笼草说

____

貌美神秘

曼陀罗

自我介绍	
科别	茄科
直径	不详
高度	1 米 ~ 2 米
分布地区	热带、亚热带地区
主要特点	全株有毒，植株高大，花朵硕大美丽

小朋友好，我叫曼陀罗。小说家热衷于把我写进书里，可能因为我总给人一种神秘的感觉吧！

形态特征

我生长在田间、沟边、道旁、河岸、山坡等地。我的叶片是宽卵形的，边缘有不规则的波状锯齿。我的花冠像个漏斗，颜色是白色或紫色。我的果实是卵圆形的，上面有硬刺，果实成熟后会裂开，里面的种子是黑色的。

美丽的陷阱

我的花很漂亮，白色的像牵牛花，紫色的花朵像百合。但是我全身都有毒，其中果实毒性最大，如果儿童误食 3 ~ 8 颗即可中毒。

万能神药

欧洲、印度、阿拉伯国家把我称作“万能神药”。我的花主要成分是莨菪碱、东莨菪碱及少量阿托品，而起麻醉作用的成分主要是东莨菪碱。我国著名医学家华佗的麻沸散中的主要成分就是我。

留言板

曼陀罗的话

亲爱的小朋友，关于名医华佗，你还知道他哪些故事？

我想对曼陀罗说

____

____

可怕的“金银花”
断肠草

自我介绍	
科别	马钱科
直径	不详
高度	不详
分布地区	中国长江流域以南地区及西南地区
主要特点	藤生植物、全身有剧毒、似金银花

小朋友好，我叫断肠草。我的这个名字就让你毛骨悚然了吧！我全身有剧毒，如果误食后，肠子会变黑粘连，肚子会疼痛不止，直至死亡哦！

误为金银花

人们常常把我误认为金银花食用。那么究竟我和它有什么不同之处呢？第一，我的叶较大，长圆形，叶面光滑，而金银花叶子较小，柔软，枝条上有细细的白色绒毛。第二，我的花长在枝条的关节处和枝条的顶端，一个关节处往往有多朵花，而金银花主要生长在枝条的关节处，一个关节处一般只生长两朵小花。第三，我的花，像个漏斗，而金银花像个喇叭，我的花也比它大。

误认为茶树叶子

我是藤生植物，因此藤蔓常缠绕在其他植株上。有时候我与茶树伴生，春天长出的嫩芽貌似茶树叶片，一不小心，人们就把我当做茶树的叶子误食了。湖南和湖北等地的人们我把叫做土农药。人食用后痛苦难忍，肝肠寸断。毒性发作后，口干得难以忍受，但此时若要喝水会加重毒性在消化系统的蔓延。所以人们又把我称作“亡藤”。

尚无科学依据的“以毒攻毒”

有民间流传，有人患有皮肤怪病，全身流脓，在无药可治的时候，想吞食我的叶子一死了之，结果反而没有死，而且治好了皮肤怪病。因此人们把这个“以毒攻毒”的神话传诵下来了。其实，这个说法是没有科学依据的，小朋友们不要相信哦！

留言板

断肠草的话

小朋友，民间流传的关于我能“以毒攻毒”的故事是没有科学依据的，千万不要相信。只有努力学习科学文化知识，才能告别愚昧，更好地去认识这个美丽的世界。

我想对断肠草说

狐狸的手套

毛地黄

自我介绍	
科别	玄参科
直径	不详
高度	60 厘米 ~ 120 厘米
分布地区	原产欧洲，现台湾各地有种植
主要特点	典型的归化植物，茎、叶密布茸毛，叶子似地黄的叶子，全株有毒

小朋友好，我叫毛地黄。我的故乡在欧洲，在中国宝岛台湾我是一个地地道道的“植物移民”。

女巫环

我的外表总让人们觉得不可思议。虽然我的身高差不多 1 米，但是我总给人娇弱无力的感觉。我的花朵有紫色、粉色、白色，它们总是围着主枝茎生长。我的叶子有很高的商用价值，是治疗心脏病药品的原材料。如果你调皮误食了我身体的任何一个部分，你就会先后出现恶心、呕吐、腹部绞痛、腹泻和口腔疼痛症状，甚至会出现心跳异常。所以人们还给我起了一个很邪恶的名字“女巫环”。

我的生长环境

我从欧洲不远万里来到中国，在中国的宝岛台湾安家定居了，阿里山、太平山、清境农场、南天池等地都能看到我的踪影。在海拔 1200 米～ 1800 米的山区是最适合我生长的地方了。

狐狸的手套

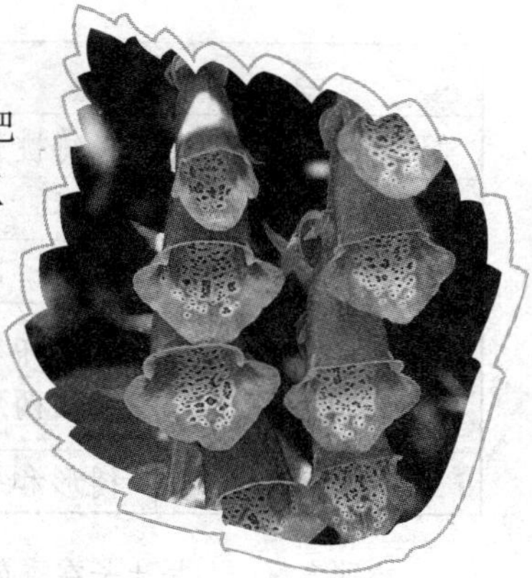

传说很久以前有一个很坏的妖精把我的花朵送给了狐狸，悄悄地告诉狐狸，把我的花朵套在脚上，这样就可以降低它在觅食时的脚步声。因此人们还给我起了一个绰号“狐狸的手套”。此外，巫婆手套、仙女手套、死人之钟也都是我的别名。

留言板

毛地黄的话

小朋友，我可不是和狐狸“同流合污”啊，千万不要误会我！我是被那个坏妖精施了魔法才戴到狐狸脚下的，我才不想和他们一起做坏事呢！小朋友也要懂得区别哪些是好人和坏人，不要被他们所利用做坏事哟！

我想对毛地黄说

____

假芒果
海檬果

自我介绍	
科别	夹竹桃科
直径	不详
高度	7 米 ~ 12 米
分布地区	原产印度塞席雨群岛至热带太平洋区域，现中国两广、湖南、江西等地有分布
主要特点	树形和果实似芒果，全株有毒

小朋友好，我是生长在香蕉湾海岸的海檬果。远远望去，我是最让人垂涎欲滴的，因为我的果实非常像芒果，所以人们把我称作“假芒果”！

全身毒素

我是常绿小乔木，树干上有明显的皮木，全身有丰富的白色乳汁。全身都有毒素，尤其是果实和果仁的毒性最强，吃下半个果仁就会导致死亡，症状的表现为恶心、呕吐、腹痛、腹泻、手脚麻木、冒冷汗、血压下降、呼吸困难、心跳停止等。

和芒果极为相似

我与芒果树的外形和果实都非常相似，往往让人们误以为我是

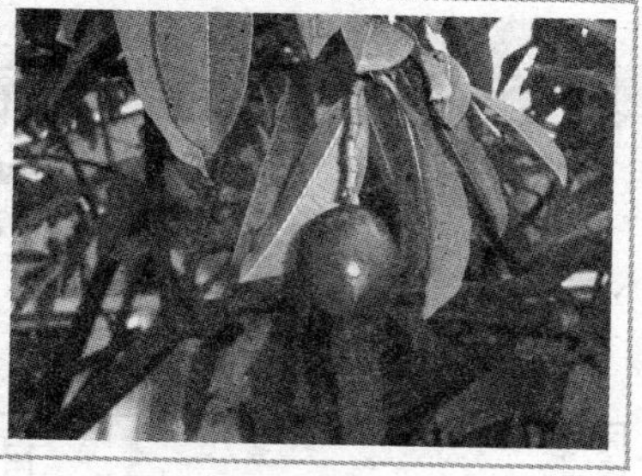

芒果，其实我和芒果一点血缘关系也没有。我生长在海岸边，因为和芒果极为相似，因此得名“海檬果”。我曾经在报章杂志及电视媒体上大出风头，因为许多公园、学校、人行道边都能看到我的影踪。我的果实特别大，而且很像芒果，有不少小朋友喜欢采摘。电视台曾报道一个小朋友摘下我的果实，剥开皮，几乎要一口吞下去的情景。这时有一个老伯伯上前阻止了他，才未出现悲剧。

留言板

海檬果的话

小朋友，我的果实非常像芒果，让很多大人误食，非常危险。在自然界中有不少和我一样的植物，果实看起来不仅鲜艳，而且很像水果，所以小朋友在外边看到不熟悉的果实，千万要小心哟！你记住了吗？

我想对海檬果说

____

____

只可远观不可亵玩

夹竹桃

自我介绍	
科别	夹竹桃科
直径	不详
高度	2 米 ~ 5 米
分布地区	原产伊朗、印度和阿富汗，现中国有种植
主要特点	四季常青，花似桃，叶像竹，全株有毒，能抵御有害气体

小朋友好，我叫夹竹桃。我在冬天也照样绿意盎然，从春天的迎春花到秋天的菊花，我都陪着它们绽放，一朵花败了，又会开出一朵。人们说我身上的这点韧性，很少有能与我匹敌的！

花似桃、叶像竹

小朋友，你们是不是很纳闷我怎么叫夹竹桃这个怪名字呢？因为我的花似桃、叶像竹，因此而得名。我一年四季常青，花开得很鲜艳，且花期很长。

保湿的“蜡”叶

我的叶子由三片组成一个小组，环绕枝条。从一个方向向外生长，叶片还有一层薄薄的“蜡”。这层“蜡”能使叶子保湿、保温，因此我能抵御寒风的侵袭，不畏惧寒冷，冬天我照样绿姿不改。

环保卫士

我有抗烟雾、抗灰尘、抗毒物和净化空气、保护环境的能力。我的叶片，对二氧化硫、二氧化碳、氟化氢、氯气等有毒、有害气体有较强的抵抗作用。我即使全身落满了灰尘，仍然能旺盛生长，因此人们把我称作“环保卫士”。

只可远观、不可亵玩

我的花、果仁、根茎、乳汁都有毒，中毒后有恶心、呕吐、昏睡、心率不齐的症状，严重的还会失去知觉甚至死亡。所以，小朋友当你看到我的时候，一定要记住：只可远远地欣赏，千万不要动手！

留言板

夹竹桃的话

随着经济的发展，二氧化碳等有害气体的增加，全球气候变暖。我们生存的地球，正经受着各种不同有害气体的威胁。小朋友，你们要向我学习哟，做一个环保卫士。

我想对夹竹桃说

____

恰似芦荟的植物
龙舌兰

自我介绍	
科别	龙舌兰科
直径	不详
高度	2 米左右
分布地区	墨西哥西部地区
主要特点	花序巨长，与芦荟形似，汁液有毒

小朋友好，我是生长在墨西哥西部地区的龙舌兰。龙舌掌、番麻是我的别名，来了解一下我吧！

世纪植物

在美洲，我的家族成员中有些要长十年或几十年才能开花。我朋友中最大的花序可以长到 7 米～8 米，长得惊人，也是目前世界上最长的花序。花有白色或浅黄色的，像小铃铛一样的花有 100 多朵呢。花开之后，我们的生命也结束了。所以人们把我们称作“世纪植物”。

坚强的生命力

虽然我的生长速度很缓慢，但是我具有坚强的生命力。我可以忍受比较恶劣的环境，在南方，即便是冬天寒流来袭，只要能有足够的阳光照射，我依然能生存。我能适应的最低温度是 7℃，若气温过低的话，我就要躲到室内了。

我与芦荟的不同

我虽然看起来和芦荟很相似，但是仔细观察，我们其实有许多不同之处。第一，我们的科别不同，我是龙舌兰科，芦荟是百合科。第二，叶子不同，把我的叶子折断后，里面有细线状的筋，不会流出汁液，看上去也不透明。芦荟的叶子折断后无筋，会流出黏性汁液，并且带有黄色，它的肉质部分是晶莹透明的。第三，刺不同。我的叶子边缘有钩刺，硬而且尖，叶的顶端有一个坚硬的暗褐色刺。芦荟的刺没有我的硬，它的刺是向着两边生长的，而且越向顶端刺越小。

有毒的汁液

我的汁液有毒，会刺激皮肤，产生灼热感，发痒，出红疹，甚至产生水泡，因此小朋友千万不要把我和芦荟混淆而误食哟！

留言板

龙舌兰的话

小朋友，有的人很粗心，简直就是一个马大哈，把我当做芦荟而误食，引起了皮肤过敏。其实只要细心些，就不会出现误食。小朋友在生活中，做事情也要仔细哟，不要做粗心的马大哈！

我想对龙舌兰说

____

远离毒品

罂 粟

自我介绍	
科别	罂粟科
直径	不详
高度	60厘米～150厘米
分布地区	原产于地中海东部山区、小亚细亚、埃及、伊朗、土耳其等地
主要特点	体内提取海洛因，花朵鲜艳

小朋友好，我叫罂粟。提到我的名字，人们就会像躲瘟疫一样躲着我，你知道为什么吗?

形态特征

我的茎直立，茎下半部分的叶子有短柄，上半部分的叶子没有叶柄。花有白色、粉红色和紫红色。果实是椭圆形的，成熟时为黄褐色。种子数量很多，棕褐色肾形，表面有明显的网纹。

人类的灾难

我的花非常美丽，最早的时候奴隶主种植我，主要是为了欣赏我那美丽的花朵。后来早期的殖民者在禁止本国人吸食鸦片的同时却把灾难推向了整个人类！人们吸食从我体内提取的毒品海洛因，长期吸食会成瘾，等同于慢性自杀，严重的还会呼吸困难直至死亡。

可怕的金三角

1852 年，大英帝国发动了第二次英缅战争，占领了缅甸。他们很快发现我适合在缅甸北山区生长，于是，英国殖民者在“金三角”强迫当地的土著人种植罂粟，从我身上提炼鸦片，然后把它销往别的地方。今天，“金三角”已成了全世界声讨的主要制毒、贩毒地。

留言板

罂粟的话

现如今有些人为了获取高额的暴利，还在不断地对毒品进行走私。我真心奉劝人类，“珍爱生命，远离毒品”。小朋友，你们也要做一个抵制毒品的宣传员哟！大家一起联手，让毒品远离人们的生活！

我想对罂粟说

____

____

将毒蛇毒死的植物

毒芹

自我介绍	
科别	伞形科
直径	3 厘米 ~ 4 厘米
高度	50 厘米 ~ 120 厘米
分布地区	中国东北、华北、西北、四川，朝鲜、日本等地
主要特点	似芹菜；全株有毒，花毒性最大；茎节生且中空

小朋友，你好，我叫毒芹，其实就是野芹菜。别看我身体小小的，但我的毒性很大，连毒蛇都要敬畏三分呢！

霸道的我

我的茎长得比较像竹子，一节一节的，每节都挺长，而且节节空心，最粗的节直径可达 3、4 厘米。叶子也很大，横七竖八地呼扇着，捍卫着茎。其他的植物都说我长得霸道，长得疯！因为我身上的剧毒，它们都不敢轻易地接近我，都躲我远远的！

我的毒性

我生长在潮湿的地方，夏天开花，全身有毒，尤其是花的毒性最大！吃后恶心、呕吐、手脚发冷、四肢麻木，如果严重的话，还可能导致死亡呢！主要有毒成分为毒芹碱、甲基毒芹碱和毒芹毒素，而芹碱的作用类似箭毒，能麻痹运动神经，抑制延髓中枢。

将毒蛇毒死

我体内的毒是剧毒，能将毒蛇毒死呢！不信，你看！有两个淘气的孩子打赌，把一条30厘米长的斑斓小毒蛇放进我的茎中——因为我的茎比较粗，而且中间还是空的，所以蛇完全能放得进去。孩子们把两端用捣碎的叶子封死，几分钟后，他们将小毒蛇倒出，惊奇地发现它已经死了。

留言板

毒芹的话

能使毒蛇毙命，我感到无比的光荣，但是我这种荣誉没有朋友能与我分享！因为我特别地霸道，对伙伴们也不礼貌，所以我不能感受到友谊的温暖，几乎连个朋友也没有！小朋友可不要学我哟，要友善地对待别的小朋友，不要太霸道，这样才能得到真正的友谊！

我想对毒芹说

美丽的杀手

绣球花

自我介绍	
科别	忍冬科
直径	花径 18 厘米～20 厘米
高度	3 米左右
分布地区	原产中国、日本、欧洲地中海地区
主要特点	花如绣球，全株有毒，花色受土壤影响

小朋友好，我叫绣球花。我的名字和样子一样，都能让人感觉很美丽，但是让人们感到遗憾的是，我的全身竟然有毒！真是让人叹为观止啊！

形态特征

我是落叶的小乔木，身高 3 米左右。我的叶子呈卵状椭圆形，表面是暗绿色的，背面有星状的短柔毛，边缘有锯齿。我的花长得很像绣球，因此得名。我伞状的花序就像雪球累累簇拥在椭圆形的叶子中，煞是好看！

希望之花

在我的故乡欧洲的地中海地区，我一向以严冬里开花而闻名。冬天时，乍看见我美丽的花朵，似乎在悄悄地告诉人们春天的脚步越来越近了！所以在人们心中我总能预示着希望！

不可思议的美丽杀手

我全身都具有毒性，这是人们最不愿意相信的事实。如果有人不小心误食我的茎叶，会造成腹痛、腹泻、呕吐，甚至呼吸急促。表面上人们根本看不出我是有毒的，人们常常被我的美丽所迷惑，因此把我称作“美丽的杀手”。

花色受土壤酸碱度影响

我最喜欢疏松、肥沃和排水良好的砂质土。小朋友，你们知道吗，我有一个很奇怪的特性，我的花的颜色受土壤酸碱度的影响。如果土壤是酸性，那么我就开出蓝色的花，如果土壤是碱性的话，我就开出粉红色的花。人们了解了我的习性后，就可以通过创造不同的生长环境使我开出不同颜色的花束。

留言板

绣球花的话

小朋友，我的花的颜色受土壤影响，在不同的土壤里开出不同的花色，我的立场不是很坚定，你是个意志坚定的人吗？

我想对绣球花说

____

咬人猫

蝎子草

自我介绍	
科别	荨麻科
直径	0.6 米～1 米
高度	30 厘米～100 厘米
分布地区	热带亚洲和非洲地区，中国、日本也有分布
主要特点	刺毛有毒，分泌蚁酸，全株可入药

小朋友好，我叫蝎子草。台湾地区的人们把我称作“咬人猫”，因为我的茎杆、叶柄甚至上叶脉上都长满了有剧毒的刺毛，这些刺毛会蜇人，如果你不小心碰到我，那么只有自认倒霉了！

形态特征

我的别名叫华丽景天、长药景天。我的茎直立，具有条棱，上面密布蜇人的毛。我的叶片呈卵圆形，边缘像一个个大牙齿，表面是深绿色，两面都有蜇人的毛。

我会蜇人

如果你的手不小心碰到我，就会感觉像被蝎子蛰了一下，并且出现红肿的小斑点，往往要过一段时间才能消退呢！不过你也不要太过于紧张，告诉你一个小秘密，马上用肥皂水冲洗就能缓解些。

我之所以会蜇人，主要是身上的表皮毛在作怪。一旦人或是食草动物触碰到我，刺毛的尖端就会断裂，放出蚁酸，刺激皮肤产生痛痒的感觉。其实我这也是一种正当防卫，让食草的动物对我心生敬畏，躲我远远的！

治病救人

我虽然有毒，但是我很庆幸医学工作者能从我体内提取熊果酸等成分，然后制成药品，可以散瘀、止血、安神。能为人类的健康作出贡献，我感到无比的光荣呢！

留言板

蝎子草的话

小朋友，以后再看见我，可千万不要随便摸我哦！

我想对蝎子草说

割断生命之线

颠茄

自我介绍	
科别	茄科
直径	不详
高度	5 米左右
分布地区	西欧、北美、北非、西亚、中国
主要特点	叶子、果实、根部有剧毒

小朋友好，我叫颠茄。英文名字是 Atropa。Atropa 是希腊神话中司命运的三个女神中最年长的，她能割断生命之线，主管人的生死。可见我的毒性是很大的哦！

毒性最强时

我的叶、果实和根部含有含毒性成分颠茄生物碱，毒性最强时并不是在非常成熟的时候，而是身高长到 0.6 米～1.2 米的时候。这个时候叶子是深绿色的，花的颜色是紫色的，果实甘甜汁多，常常迷惑顽皮的小朋友偷吃。但是，我的果实是含有剧毒的，千万不要食用哟！

夺命的杀手

我的果实里面有致命的毒素，小朋友只要吃两个果实，就会丧命，10 ~ 20 个果实就可以夺走一个成年人的生命。即便是砍伐也要小心翼翼，以免引起过敏症状。因为我的毒性剧烈，所以人们把我称作“夺命的杀手”。

从不做无谓的牺牲

因为我是野生植物，所以在繁殖的过程中，什么情况都可能会遇到。如果种子滚到了比较贫瘠的土地上，那么等到第二年的春天，这些种子会集中发芽。经过一番激烈的竞争，小苗会陆续死亡，但从不做无谓的牺牲。我们的茎叶腐烂后，为来年的小苗提供了营养。如果种子滚到有其他植物生长的土地上，那么种子的集中发芽将产生强烈的气味，抑制其他植物的生长，为后来的小苗顺利生长奠定基础。

留言板

颠茄的话

亲爱的小朋友，我的果实是不能食用的，区区两颗，就能致人于死地，可怕吧！你知道哪些植物的果实是有剧毒的，能举例告诉我吗？

我想对颠茄说

____

毒害过关云长

乌 头

自我介绍	
科别	毛茛科
直径	不详
高度	100 厘米～130 厘米
分布地区	海拔 2000 米左右的地区
主要特点	母根有毒，毒性迅速猛烈

小朋友好，我叫乌头。我是有剧毒的，而且曾经叱咤风云的关公也领教过我的毒性呢！来听听我的故事吧！

形态特征

我的块根呈圆锥形，通常 2～3 个连接在一起，外表看上去是茶褐色的，内部是乳白色的。叶子革质，卵圆形。立秋后，花开在茎顶端叶腋间，蓝紫色，颜色和薰衣草相似。

猛烈的五毒根

我的别名叫五毒根，有剧毒。母根叫乌头，子根叫附子，有毒的部分是主根，里面含有乌头碱，乌头碱能通过消化道或破损皮肤吸收，主要经肾脏及唾液排出。因为吸收快，所以中毒迅速而猛烈，几分钟内就会出现中毒症状。

乌头碱主要作用于神经系统。人中毒后，神经系统先是兴奋，慢慢被抑制，然后至麻痹。感觉神经、横纹肌、血管运动中枢和呼吸中枢都可以麻痹。乌头碱还可直接作用于心肌，并兴奋迷走神经中枢，致使心律失常及心动过缓等。

毒害关云长

东汉末年，关云长中毒箭，神医华佗为他刮骨疗毒。其实关云长中的毒就是乌头碱，毒性猛烈，就连叱咤风云的关云长也抵挡不住哦！

留言板

乌头的话

小朋友，你听过关云长刮骨疗毒的故事吗？

我想对乌头说

____

____

____

____

巨人的绿剑
文珠兰

自我介绍	
科别	石蒜科
直径	不详
高度	1米左右
分布地区	原产亚洲热带，我国的西双版纳、海南也有分布
主要特点	全株有毒，以鳞茎毒性最大，叶子似剑

小朋友，你好，我叫文珠兰。我的故乡在印度尼西亚和苏门答腊。我的全身有毒，而且鳞茎的毒性最大，所以不要轻易靠近我哟！

尽力展示我的美丽

我的花每朵都有6片细长的花瓣，中间是紫红色，两侧是粉红色或白色等，盛开时会向后弯曲，努力向四周舒展，向人们展示着自己的美丽与妩媚。花香浓郁，可以飘散到很远的地方。叶子宽大而且肥厚，可长达1米，常年浓绿，像一把巨人的绿剑。

五树六花之一

我叫文珠兰，也叫文殊兰，这个名字会让人不自觉地想到文殊菩萨。我家族的成员在中国西双版纳的最多，因为这个地方的傣族人都信奉佛教，几乎每个村寨都有佛教寺院，佛经中规定寺院里必须种植五种树，六种花，而我就是被佛教定为的五树六花之一哦！

我的别名都好听

人们发挥想象力，给我起了很多有意思的名字。有人觉得我有文人雅士的气质，就把我称作“十八学士”；也有人觉得我的叶子像芭蕉树，于是给我取名“引水蕉”、“海蕉”；还有人觉得我的叶子像海带，于是就直接叫我“海带七”。

我的鳞茎最毒

如果有人误食我的鳞茎之后就会腹部疼痛难忍，先是便秘，然后剧烈地下泄，脉搏加速，心率出现不齐，有的还会出现高烧呢！

留言板

文珠兰的话

小朋友，看到类似这样有毒的植物，你该以什么样的态度对待呢？

我想对文珠兰说

小种子可致人命
鸡母珠

自我介绍	
科别	豆科
直径	不详
高度	1.5 米 ~ 2 米
分布地区	原产地印度尼西亚，现在世界热带和亚热带地区有分布
主要特点	种子有剧毒，三分之二红色，三分之一黑色

小朋友好，我叫鸡母珠。我的种子外表可爱，但它有剧毒，毒性还非常猛烈呢!

可爱的种子

我的种子非常漂亮可爱，呈椭圆形，三分之二为红色，三分之一为黑色，而且很光泽，常常被人们当做饰品，在一些有宗教信仰的国家非常受欢迎，因为那里的人们可以把我的种子当做念珠。

竭尽全力成为领主

我的生长速度非常得快，如果不加控制，就会占据其他植物的生长空间，成为某个地区的领主。

致命的危害

我的种子里还有毒蛋白，不论种子是否成熟，这种毒蛋白都非常猛烈。但是种子的外壳很坚硬，只要不把外面的涂层弄破，就不会有任何的危险。如果有人误食了破壳的种子，那是要中毒的。非常可怕吧！

留言板

鸡母珠的话

小朋友，植物界有很多成长非常迅速的植物。你知道哪些植物的生长速度非常快吗？请把答案告诉我，好不好？

我想对鸡母珠说

____

____

神的化身
刺桐

自我介绍	
科别	蝶形花科
直径	不详
高度	10 米左右
分布地区	原产热带亚洲地区
主要特点	高大，花艳，形似辣椒，茎皮有毒

小朋友好，我叫刺桐。关于我的故事一定会让你感到很传奇，那就一起去听听那些故事吧！

红透的辣椒

我的故乡在亚洲的热带地区。我高大挺拔，枝叶茂盛，花的颜色是鲜红的，形状很像辣椒，而花序特别长，远远望去，每一个花序就好像一串红透了的辣椒。

时间的标志

在很多年以前，汉人移民到台湾垦植，发现当地的平埔族山胞非但没有日历，甚至没有年岁，不能分辨四季，而是以我开花的时节为一年，过着逍遥自在的生活。

瑞桐

小朋友，我能预测来年的收成，你相信吗？在中国一些城乡的旧俗里，人们根据我开花的情况来预测来年的收成！如果我前一年的花期比较晚，而且花开得比较茂盛，那么来年一定会五谷丰登，六畜兴旺。否则相反。所以人们把我称作“瑞桐”，就像是瑞雪兆丰年一样吧！

茎皮有毒

小朋友，我的毒性在茎皮上，而我的树叶和树根都可以入药，有利尿和解热的功效。

留言板

刺桐的话

小朋友，我可以帮助人们预测收成，这虽然是旧俗，但也是有科学依据的。你还知道哪些旧俗可以预测收成呢？

我想对刺桐说

____

____

最毒的树

见血封喉

自我介绍	
科别	桑科
直径	2 米左右
高度	40 米左右
分布地区	热带季雨林、雨林地带有分布
主要特点	乳汁有剧毒，植物界中最毒的植物

小朋友好，我叫见血封喉。我的汁液比剧毒“鹤顶红”还要厉害，会在很短的时间置人于死地，因此人们给我起了这个很恐怖的名字！

形态特征

我是一种常绿大乔木，个子高达40米！叶子是长圆形，雌花和雄花生长在同一株上。春夏之际开花，秋天会结出一个个梨子一样的红色果实，成熟时变成紫黑色，味道极苦，含有毒素，小朋友们可不能食用啊！

树脂剧毒

我的树脂有剧毒，如果不小心误入眼中，会立刻双目失明。如果流进有伤口的地方，人体就会中毒，使心脏麻痹，血管封闭，血液凝固，在 20 ~ 30 分钟内死亡。

抵抗侵略的武器

古代印度人在我的树干上割开一些小口子，让树脂流出来，他们把树脂涂在箭头上来捕杀猎物。后来英国殖民者侵入此地，印第安人便用涂了树脂的弓箭来抵抗英国侵略者。英军被这种弓箭射中后立即中毒身亡，从此再也没有人来侵略他们了。我的别名箭毒木也是由此得来的。

我的妙用

我除了"剧毒"外，并不是一无是处的，毒素还可以作为独特的药物。同时树皮纤维还可以制作非常漂亮的衣服，这种衣服既轻柔又暖和！

留言板

见血封喉的话

人们提到我，都害怕我的毒素，认为我有一颗毒蝎心肠。小朋友们可要做一个善良诚实的好孩子，不要像我与邪恶为伍！

我想对见血封喉说

西米的来源

孔雀椰子

自我介绍	
科别	棕榈科
直径	50 厘米左右
高度	30 米左右
分布地区	中国、印度、马来西亚、斯里兰卡、泰国
主要特点	嫩芽可食用，髓心产淀粉，果实有毒

小朋友好，我是生长在泰国的孔雀椰子。在炎热的夏天，如果你能吃上一碗清凉甘甜的西米露，一定感到十分地惬意吧？的确，西米露是人们夏天消暑的理想食品。但是，小朋友，你知道西米露里面的西米是怎么来的吗？别着急，答案马上揭晓！

西米并非米

西米并不是真正的米，更不是从田地里种出来的，而是从我髓心产生的淀粉加工成的。小朋友，你明白了吗？是不是感到很意外呢？

大象的美味佳肴

我的嫩茎可以食用，比茭白的味道还要好呢！可以称得上是野菜中的美味珍品。在森林中大象也把我当做美味佳肴。由于大象对

我的破坏最大，已处于濒临灭绝的境地，现在我被列为国家二级保护植物！

乌木筷

如果挖去树干髓心，我的外壳也十分坚韧，如果做成水槽，可用几十年，甚至上百年呢；做成扁担，则经久耐用，几代人都挑不断；做成筷子，乌黑光亮，俗称“乌木筷”，其价值仅次于象牙筷，堪称赠送亲朋好友的上等佳品。“金无足赤，人无完人”，我美中不足的是果肉有毒，如果有人误食就会引起肠胃发炎，而果汁也会引起皮肤发痒、发炎。

留言板

孔雀椰子的话

小朋友，人类用我的外壳做成的乌竹筷可以使用很长的时间，而用其他树木做成的一次性筷子，每年需要砍伐无数棵大树。因此，提倡小朋友们尽量不要使用一次性筷子，为少砍伐一棵大树尽一点力量，你们说好不好？

我想对孔雀椰子说

____

____

毒过砒霜

相思树

自我介绍	
科别	豆科
直径	0.6 米 ~ 1 米
高度	15 米 ~ 30 米
分布地区	中国广西、广东、福建、云南、台湾
主要特点	种子有剧毒，形状如心脏，色泽鲜艳永不褪色

小朋友好，我是生长在台湾的相思树。我的名字听上去很美好，可是种子有剧毒，而且毒过砒霜！

心心相印

我的树高 15 米，最高的可达 30 米呢。我的种子鲜红而且发亮，很坚硬，乍一眼看去就像一颗跳动的心，色泽晶莹且永远不褪色。如果你仔细观察会发现，我的红色由边缘逐渐向内加深，最里面又有一个心形曲线围住特别艳红的部分，所以人们把我的种子称作“心心相印”。

好地种桉树，差地种相思

我的适应能力很强，在各种环境中都能生存，而且生长速度非常快。我的树叶经过分解以后，形成腐殖质就是土壤的养分，等我的枯枝叶分解完以后，土壤的肥力就增强了。因此当地居民中流传着“好地种桉树，差地种相思”的话，就是对我改善土壤条件功劳的肯定吧！

比砒霜还要毒

因为我的美丽，人们对我喜爱有加，其实我的毒性比砒霜还要毒。所以千万不要吞食我的果实，特别是不能咀嚼吞食。

相思炭

说到木炭，用得最多的要数我的木材做成的相思炭了。在瓦斯、电力尚未如此普及的年代，薪炭的需求量的确是很大的。很久以前，甚至直接发给人们木炭作为“薪饷”，“薪水”一词就是这样来的。

留言板

相思树的话

小朋友，你们是不是挺佩服我的精神，在条件不好的土壤中不仅仅能很好的生存，而且还能改善环境？因此，不管小朋友们你的家境如何，都要靠你们自己的努力，好好学习，好好生活，去创造美好的未来！

我想对相思树说

被忽视的有毒植物

垂柳

自我介绍	
科别	杨柳科
直径	1 米左右
高度	18 米左右
分布地区	亚洲、美洲、欧洲很多国家都有分布
主要特点	叶子细长，叶子和树皮有毒，能吸收二氧化硫

小朋友好，我叫垂柳。我虽然没有松树的伟岸挺拔，也没有杨树那样正直不屈的形象，但是我柔软的枝条纷披下垂，很是惹人喜爱。在中国很多的城市人们都能看到我，不过我也是有毒的植物哦！

芙蓉如面柳如眉

我的叶子狭长而且宽窄合宜，人们经常用来形容美貌女子的眉毛。若哪位女子的眉毛细长，就会用“芙蓉如面，柳如眉”来形容女子的眉毛好看，真是恰如其分！

无心插柳柳成荫

我的适应能力非常强，是古今中外最普遍的一种绿化植物。我有许许多多的须根，深深扎根在泥土里，伸向西面八方，紧紧地拥抱着大地，为主干提供营养，正所谓“无心插柳柳成荫”。但几乎没有人知道我的叶子和树皮是有毒性的，误食后会出现冒汗、口渴、呕吐、血管扩张、耳鸣、视觉模糊等症状。所以小朋友要小心，不要把我的叶子含在嘴里哟！

千变万化的本领

在不同人的手里，我的作用是不同的。我能有千变万化的本领，小朋友相信吗？不信的话你看，在化学家手里，我能炼制火药；到了医生手里，我能变成接骨夹板的材料；在妇女手中又可以变成篮子。此外，我还是一个净化空气的能手呢！我天生对有毒气体有很强的抗逆性，并能吸收对人体有害的二氧化硫，因此人们常常把我种植在路边，这样我就能为人类的健康保驾护航了呢！

留言板

垂柳的话

小朋友，你们知道“有心栽花花不成，无心插柳柳成荫”这句话是什么意思吗？这句话形容有些事情没有精心准备反而做好了，而精心准备的事情却不一定做得那么如意。因此，小朋友要是遇到这种情况的话，就用这句话去描述，这样会给你的文章增添不少彩头哟！

我想对垂柳说

台南市市花 凤凰木

自我介绍	
科别	豆科
直径	1 米左右
高度	10 米～20 米左右
分布地区	原产地马达加斯加以及世界热带地区
主要特点	花和果实有毒，花的颜色鲜艳，种子轻

小朋友好，我是凤凰木。我集美丽、荣誉于一身，但是美中不足的，就是我美丽的花和果实都有毒！

名字的来源

我的叶子很像凤凰飞舞时的羽翼，花的颜色是鲜红的，远远望去，满树火红，给人一种富丽堂皇的感觉。花遍布树冠，就好像蝴蝶在上边飞舞。人们用“叶如飞凰之羽，花若丹凤之冠”，称赞我的美丽，我的名字就是从这美丽的诗句之中得来的。

市花的美誉

我的故乡在马达加斯加，现在在世界热带的地区都能找到我。因为我鲜红色或者橙色的花朵搭配着鲜绿色的叶子，被人们誉为世界上颜色最鲜艳的树木之一。1897 年我们有些家族成员移居到中国的台湾，因为与“凤凰城”的别名相称，所以赢得了台南市市花的美誉。

侵入品种

现在我和我的家族成员在很多热带地区扎下根，但是在这些地区被看作典型的“移民者”而受排斥，在澳洲地区更是被当做“侵入品种”。其中有一部分原因是因为我阔大的树冠和浓密的树根阻碍了其他植物的生长。在印度，我被人们称作高莫哈树。

有毒的花和果实

我开完花之后，就会结成一条条长形的豆荚果，果实可长达 60 厘米呢。成熟后的种子是深褐色的，里面有 40 ～ 50 粒细小的种子，每一颗都很轻，只有 0.4 克重。我的花和果实都有毒，小朋友要是误食后，就会出现腹胀、腹痛、腹泻，所以千万不要偷吃我的果实哟！

风景树

我还有一个神奇的小本领，就是在夏天具有降温增湿的小气候效应。因此人们常常把我种植在道路的两边，这样可以美化、绿化环境，人们把我称作“风景树”。

留言板

凤凰木的话

小朋友，虽然我的果实和花都有毒，但能在夏天增湿降温，我是不是也很可爱呢！在植物界像我们一样可以做出环保贡献的植物还真不少呢！那么小朋友，你知道有哪些植物对环境有利吗？请举出几个例子。

我想对凤凰木说

____

____

____

____

____

第七章

奇闻怪事儿真不少

能“流血”的树
龙血树

自我介绍	
科别	百合科
直径	不详
高度	4 米左右
分布地区	东半球热带地区
主要特点	会“流血”

小朋友们好，我叫龙血树。据说，我是在龙和大象交战时流血洒满大地生出来的，所以身体里流淌着很高贵的血呢！快来了解一下我吧！

形态特征

我身高 4 米左右，树皮是灰色的。叶子没有柄，都密生在茎的顶部，就像一个倒立的大圆锥。我最早生长在非洲西部的加那利群岛，是一种常绿小灌木。

流淌的血

一般树木，在损伤之后，流出的树液是无色透明的。有些树木如橡胶树、牛奶树等可以流出白色的乳液，但我在受伤时竟能流出

“血”来！这血红色液体是一种树脂，也是一种名贵的中药，叫麒麟竭，可以治疗筋骨疼痛。古代人还用龙血树的树脂做保存尸体的原料，因为这种树脂可以做防腐剂。

不才树

我的木材几乎没有任何用途，只用于观赏，因此人们把我称作“不才树”。

留言板

龙血树的话

我虽然有着高贵的血统，但是我却被人们称作“不才树”。小朋友，你可不要像我，长大后一事无成。

我想对龙血树说

____

____

____

____

植物怀胎的“秘密”
红　树

自我介绍	
科别	红树科
直径	不详
高度	2 米 ~ 4 米
分布地区	东南亚、非洲及美洲热带地区
主要特点	砍伐后氧化，果实随母体生长直到萌芽

小朋友，你好，我叫红树。听到我的名字，你一定以为我是红色的，对吧？那你是猜错了！快来了解一下我吧！

红树之谜

我生长在在热带、亚热带海岸及河口潮间带，根系十分发达，盘根错节屹立于滩涂之中。涨潮时，我们被海水淹没，或者仅仅露出绿色的树冠，仿佛在海面上撑起一片绿伞。潮水退去，则变成一片郁郁葱葱的森林。在潮涨潮落之间，受到海水周期性浸淹，使体内含有丰富的“单宁酸”，被砍伐后就会氧化变成红色，所以人们把我称作“红树”。

人类给予我一个至高的荣誉——“海岸战士”。几百米的红树林就可以抵御台风的袭击，还可以维护河口区的生态平衡、促进海洋渔业和水产养殖业的发展，有净化水体的作用。

我生长的滩涂为鸟类提供了大量的食物鱼，同时我身上的害虫也是鸟类的美味佳肴。这些美食吸引大量的鸟来栖息，每到傍晚的时候，场面可壮观了，游客在岸边用望远镜可以观察到百鸟归林的奇异景观。

怀胎之迷

在春秋两季开花后，我的果实并不落地发芽，而是在妈妈的树上继续吸收着营养，萌发长成幼苗。“胎儿”成熟后，带着小枝叶的种子就会脱离大树，一个个往下跳，散落到海滩中。随着海水到处漂流，遇到合适的地方，就安家扎根下来，像其他植物一样正常生长。因为我的这种繁殖方式就像哺乳动物生小孩一样，所以人们才把我称作“怀胎”的树。

留言板

红树的话

小朋友们，我的环保意识很强，所以人们才会把我称作“海岸战士”。在生活中，有许多资源是不可再生的。小朋友，从小要养成爱护环境、节约资源的好习惯，譬如随手关灯，节约水资源等。

我想对红树说

____

没有叶子的树
光棍树

自我介绍	
科别	大戟科
直径	不详
高度	4 米 ~ 9 米
分布地区	东非、南非的热带干旱地区
主要特点	没有花、没有叶子，枝丫光秃，枝条有光泽且光滑

小朋友好，你们见过没有叶子的树吗？我的身上就没有一片叶子，人们开玩笑地把我叫做“光棍树”！

绿珊瑚

我的身上没有花、没有叶子，只有光秃秃的枝丫，犹如一根根棒插在树上。但是我的枝条碧绿、光滑，且有光泽。所以人们又给我起了一个很好听的名字“绿珊瑚”。

“牛奶”有利有弊

如果小朋友折断我的一小根枝条或刮破一点树皮，身上就会有白色的乳汁渗出，因此人们也叫我“牛奶树”。小朋友们在观赏时一定要小心，因为这白如牛奶的乳汁有剧毒，千万不能让它进入口、耳、眼、鼻或伤口中。同时，这种乳汁能抵抗病毒和害虫的侵袭，又是一种自我保护的法宝。据科学家实验表明，我的白色乳汁中碳氢化合物的含量很高，可制取生物柴油，低污染，可再生，是高效环保的能源植物。

光合作用

由于我生长的地方气候炎热、干旱缺雨，蒸发量十分大。为了能在这样严酷的环境中生存，经过长期的进化，我身上的叶子越来越小，逐渐消失了，终于变成了今天这副怪模样。虽然没有叶子，但是我的体内含有大量的叶绿素，能代替叶子进行光合作用，制造出供生长的养分，这样就得以生存了。

留言板

光棍树的话

小朋友们，在恶劣的自然环境中，我学会了改变自己，适应环境。其实，和我一样的植物很多，为了更好地在特定的环境中生存，它们改变了自己的面貌，你知道它们都是谁吗？

我想对光棍树说

天然的消防员

梓柯树

自我介绍	
科别	不详
直径	不详
高度	20 多米
分布地区	非洲安哥拉西部地区
主要特点	叶子细长，有节苞，内含四氯化碳

小朋友好，我有灭火的神功，人们把我称作“天然的消防员”。你知道我是用什么“工具”灭火的吗？

我的秘密武器所在之处

我的身高 20 多米，枝叶特别的茂盛。叶子细长，像女孩子的长辫一样悬垂着。就在“长辫”间，生长着一种球状物，比人的拳头稍微大一些，我的秘密武器就藏在这个球状物里面。这种球状物就是一个个节苞，节苞上密密地长满网眼小孔，苞里装满了透明的汁液，节苞一旦遇到太阳光或火光照射，液汁就从网眼小孔里喷射出来。当起火的时候，火焰遇到这些汁液，很快就会被扑灭。

灭火英雄

小朋友一定很想知道我的节苞的汁液到底怎么与众不同吧？因

为这些汁液里面含有丰富的四氯化碳的物质，和人类用的灭火器里面的物质是一模一样的。所以，我能奋起救火，喷出大量泡沫状的液体，当之无愧地担当起森林中的“灭火英雄”。

等待你去实现这个梦想

非洲当地的人们用我的木材做成屋子居住，这样就可以防止火灾。只是有些遗憾，目前我只能生长在非洲安哥拉的西部地区，如果有一天我家族的人们能够在全世界各处安家，那岂不是可以大大减少火灾了？小朋友，努力学习文化知识吧，或许这个愿望就等着你去实现呢！

留言板

梓柯树的话

小朋友，我会灭火，但我只生存在非洲。俗话说，远水救不了近火，当你的身边发生火灾的时候，我可能帮不了你！那你知道如何有效地灭火吗？

我想对梓柯树说

____

____

凶猛的食人族
奠柏

自我介绍	
科别	不详
直径	不详
高度	8 米 ~ 9 米
分布地区	印度尼西亚爪哇岛
主要特点	枝条很长，垂贴地面；汁液能消化食物，凶猛

小朋友好，我是生长在印度尼西亚爪哇岛的奠柏。绝大多数食肉植物只是吃些小昆虫，而我却能“吃”人。小朋友听到一定会毛骨悚然吧？人们都非常害怕我，因此把我称作“最凶猛的植物”！

伸向人类的魔爪

我高 8 米多，长着很长很长的枝条，这些枝条垂贴地面，有的像快断掉的电线。风一吹动，如果有人不小心碰到，树上所有的枝条就像魔爪似地向同一个方向伸过来，把人卷住，而且越缠越紧，使人脱不了身。树枝很快就会分泌出一种粘性很强的胶汁，能消化被捕获的“食物”。动物粘着了这种液体，就慢慢被“消化”掉，成为我的美餐。

关于我的儿歌

当地小朋友听到我的名字就浑身发抖，还编了一首儿歌："莫柏树，真有趣，柔柔枝条拖在地。一不小心碰着它，枝条向你伸过去。它会牢牢抓住你，使你无法再离去。很快流出树胶来，它就慢慢吃掉你。"

贪婪后的惩罚

我也是有"软肋"的。人们摸清楚了我的"脾气"，就想出了对付我的办法。他们知道我喜欢吃鱼，于是就先用一筐鱼给我吃，当我吃饱后就会像一个懒汉一样，即使有人再去触碰枝条，我也不愿意动了，人们就趁机赶快采集我的汁液。

留言板

莫柏的话

小朋友，我虽然凶猛，但是我终究斗不过人类，我的确钦佩人类战胜自然的精神和勇气。但是如果不是我贪婪，人类再厉害，也不能降服我。所以，小朋友们，以我为戒吧，不要贪婪，因为贪婪会误事的。你们说对不对啊？

我想对莫柏说

____

米树

西谷椰子树

自我介绍	
科别	棕榈科
直径	不详
高度	10 米 ~ 20 米
分布地区	马来半岛、印尼诸岛和巴布亚新几内亚等地
主要特点	不怕虫蛀，叶子长，寿命短，树干内产淀粉

小朋友好，我是生长在南洋的西谷椰子树。我与棕榈、槟榔、椰子属于同一科别的兄弟姐妹。当地人非常地喜爱我，因为我的身上能产“大米”，这些“大米”能解决当地人的温饱问题。

短暂的生命

我的树干挺直，叶子特别得长，差不多有 3 ~ 6 米。终年常绿。树干长得惊人地快，但寿命特别得短，只能活到 10 多岁，最多不到 20 岁。我的一生只开一次花，开花后不到一个月树就枯死了。

一生的积存瞬间消失

我的树皮里面全是淀粉，在开花之前，是积存淀粉最多的时候。让人们感到奇怪的是，这些积存了一生的几百千克的淀粉，竟

会在开花后的很短时间内消失光，只剩下一个枯死的躯体。

为了及时地收获大自然赐给人类的粮食，当地人等我还没有开花的时候就把我放倒，刮取我树干内的淀粉。自古以来，树干内的淀粉就是当地人的重要粮食。人们把刮到的淀粉放在桶内，加水搅拌成米汤，澄清后干燥，然后再加工成一粒粒洁白晶莹的“大米”，这就是著名的“西谷米”。

不怕蛀虫

我不怕虫蛀，可以在纺织业上发挥长处。树上的嫩芽可以当菜吃。叶柄很粗壮，可以做建筑业的材料。

留言板

西谷椰子树的话

小朋友，我的生命虽然短暂，但是却帮助了很多人。因为有我的存在，能让当地的居民解决温饱问题，我就觉得很快乐。我的树干能产“大米”。小朋友，你们知道中国的大米之乡在哪儿吗？

我想对西谷椰子树说

____

有自卫的武器

橡树

自我介绍	
科别	壳斗科
直径	不详
高度	24 米左右
分布地区	原产地美国，很多国家都有分布
主要特点	抗逆性强，体内有单宁酸

小朋友好，我叫橡树。我有自我保护的武器，因此人们把我称作“能自卫的树”！想知道我的武器是什么吗？快往下读吧！

形态特征

我的树形很美，树冠的形状就像一个宝塔。叶子形状很独特，新长出的叶子是亮红色的，成熟时的叶片变成了深绿色，并且有光泽。叶子比手掌还要大，形状也像手一样，伸出几根手指。果实是坚果，一端毛茸茸的，一端则是光溜溜的，是松鼠的美味佳肴！

我的生长习性

我有很强的抗逆性，不怕高温、水湿，同时夏天能忍耐高温天气，冬天能扛得住霜冻，任由风吹雨打，我都不畏惧。

自卫的武器

1981 年，美国东部一大片橡树林遭到了舞毒蛾的袭击，把叶子

全部都啃光了。但转过年，我们又郁郁葱葱生机勃勃地生长起来，而舞毒蛾却都销声匿迹了。知道这是为什么吗?

在遭受舞毒蛾的攻击后，刺激了我体内单宁酸的大量生成，这就是我能自卫的武器。单宁酸和舞毒蛾胃里的蛋白质结合，使得它吃进肚子里的叶子难以消化，舞毒蛾不是被涨死，就是因为行动呆滞而被鸟儿吃掉了。

橡树的国家

在全世界很多国家都能看到我家族的成员，但是只有在地中海气候环境中生长的树的树皮才能作为软木来使用，所以葡萄牙被人们称作“橡树的国家”。我的软木防潮、防虫、防蛀，可以保证葡萄酒在阴暗潮湿的酒窖中不会随着岁月一同流逝。创建于 1932 年的北京图书馆，当时就是用我的木材做成的软木地板，直到 2000 年使用了 70 年。2000 年对全馆修缮时，阅览室仍然确定用我的软木材料来做地板。

留言板

橡树的话

亲爱的小朋友，你们觉得我勇敢吗？当遭受舞毒蛾的袭击时，我用我的“武器”去捍卫自己，在法律上属于正当防卫。小朋友，你们也要多学习法律知识，当你受到侵害时，可以拿起法律的武器来维护自己的权益。

我想对橡树说

点亮生命之光

蜡烛树

自我介绍	
科别	紫葳科
直径	15 厘米～25 厘米
高度	3 米～6 米
分布地区	原产南美墨西哥，中国广东、云南有分布
主要特点	果实如蜡烛，花似高脚杯，叶如十字架

小朋友好，我是生长在墨西哥的“蜡烛树”。因为果实很特别，像一根根蜡烛，且和蜡烛的作用一样，当地的人们常用果实晚上点着照明，所以把我称作“蜡烛树”！

花似高脚杯

我的花朵开得很大，颜色鲜艳，多是紫色的，形状就像小的高脚杯。如果你从远处看去，一定以为树上挂着一个个小的高脚杯呢！我的花主要是在夏天绽放，在秋天开的比较少。

基督教徒的最爱

我的树形不整齐，经常需要园丁叔叔给以整理。基督教徒都对我喜爱有加，因为我叶子的形状酷似他们挂在胸前的“十字架”。

最早出现在湛江

我的身影最早出现在广东的湛江，后来在广东的华南植物园，遂溪县林业试验场也能找到我家族成员的影子。我们都是从法国漂洋过海不远万里来到中国的。

留言板

蜡烛树的话

亲爱的小朋友，蜡烛总是燃烧着自己，照亮着别人。人们经常把老师的无私奉献比作燃烧的蜡烛。无私奉献的精神总是被人们所赞扬的。那么小朋友，你知道送给老师最好的礼物是什么吗？

我想对蜡烛树说

____

____

会下雨的树

雨豆树

自我介绍	
科别	含羞草科
直径	不详
高度	15 米左右
分布地区	热带美洲、西印度
主要特点	叶片滴水，具有开合现象，正向光性

小朋友，你好，我叫雨豆树。有人在南亚的城市漫步，会突然感到雨点洒落他一身，环顾四周并没有下雨，后来才知道是遭到了我的“袭击”。呵呵，我不过是和他开了一个小玩笑！

名字的由来

我的身形高大挺拔，枝繁叶茂，郁郁葱葱。我的叶子是像羽毛状的复叶，每片羽叶上有 2 ~ 8 小叶，小叶长得很怪异，顶端的似平行四边形，最末端的就像一对螃蟹的大螯！但是令人不可思议的是，我时常会滴水不停，犹如下着毛毛雨，人们在大树之下常常感觉到舒适凉爽，因此给我起了这个有意思的名字——“雨豆树”。

开合现象

我的叶子开合受到温度、光照和蒸腾作用等因素的影响。白天的时候，在温度高、光照强和蒸腾作用强的情况下，反而会使叶子展开的角度减小；而在温度低、光照弱、蒸腾作用小的情况下，叶子的展开角度会增大；在温度过高，光照强度极弱的情况下，叶子就会出现接近闭合状态。

向性运动

人们把植物受到外界单一方向刺激而引起的定向运动称作向性运动。我体内的激素控制着叶子、茎、花的形成，我和大部分植物一样对光的反应是正向光性的，当光照射到叶片正面的茎时，生长素就移向叶片的背光面，叶片背面的茎就会向生长慢的正面弯曲。

留言板

雨豆树的话

亲爱的小朋友，晚上我的叶子会出现闭合状态，这种现象叫做“睡眠运动”。睡眠运动可以减小夜间热量和水分的散失，还可以保护花朵中温嫩的部分，避免受到低温的伤害。小朋友，你知道为了防止水分流失，还有哪些植物有不同的高招吗？

我想对雨豆树说

____

守时的花

时钟花

自我介绍	
科别	时钟花科
直径	不详
高度	不详
分布地区	南美热带雨林地区
主要特点	花开花落规律，体内含时钟酶

小朋友好，我是生长在南美热带雨林的常绿藤蔓植物，叫时钟花。我花开花落是非常有规律的，所以人们给我取了这个名字！

形态特征

我有很多个品种，人们常见的有白色时钟花和黄色时钟花。花有 5 个花瓣，形状很像时钟上的文字盘，因此人们把我称为“时钟花”。

生活规律

自古“花开花落自有时”，我的生活是非常有规律的。开花季节，每天早晨太阳升起，大约九点钟左右，我就绽放；下午太阳落山，大约六点钟左右，我就闭合，开始休息。每天都是这样，大约要持续一个星期左右才凋谢。更有意思的是，我们这些小花都是同开同谢。

时钟酶

小朋友们，你们知道我为什么能有这么好的生活规律吗？这与日照、温度的变化密切相关，同时受我体内一种物质——时钟酶的控制。这种酶调节我的生理机能并控制着开花时间。日出后，随气温逐渐升高，酶活跃起来，促进了花朵的开放；当气温上升到一定程度，酶的活性又渐渐减弱，花朵也就自然凋谢了。

留言板

时钟花的话

小朋友，看过我的自我介绍，你们了解了我为什么能做到朝开暮合了吧？在植物界中，还有不少和我一样生活很有规律的植物呢，他们也能做到“早起早睡”，你能做到吗？

我想对时钟花说

____

____

助纣为虐

日轮花

自我介绍	
科别	不详
直径	不详
高度	不详
分布地区	南美洲
主要特点	花香，形似齿轮，叶子长得能把人卷住

小朋友，你好，我是生长在南美洲亚马逊河流域的原始森林和沼泽地带里的日轮花。一提到我的名字，人们都惊慌失措的，他们管我叫“吃人魔王”。想知道原因吗，快往下读吧！

诱人的兰花般香味

我的花长得十分娇艳，形状很特别，极像一个齿轮，因此人们形象地把我称作“日轮花”。我的叶子有一米长，花就散在一片片的叶子上，能散发出诱人的兰花香味，在很远的地方就能闻到。这时，你要是禁不住花香的诱惑，就离危险不远了。

黑蜘蛛的帮凶

我虽然自己不吃人，但是却是食人族黑寡妇蛛的帮凶。如果有

人伸手去摘我的花，那些细长的叶子便马上从四周像鸟爪一样地伸卷过来，紧紧地把人拉住，拖倒在潮湿的草地上，直到使人动弹不得。这时，躲在我身上的黑寡妇蛛便蜂拥地爬到受害者的身上，细细地吮吸和咀嚼，美美地饱吃一餐。

黑寡妇蛛给我的“犒劳”

黑寡妇蛛将毒死的人吃掉后，排泄出的粪便便是一种特殊的养料，可以让我更好地生长。

留言板

日轮花的话

小朋友，我总是依靠黑寡妇蛛奖赏的食物苟活着，成为了它的帮凶。小朋友，你们可不要学习我，将来要靠自己努力生活哦！

我想对日轮花说

____

____

有生命的石头
生石花

自我介绍	
科别	番杏科
直径	不详
高度	不详
分布地区	非洲南部沙漠中
主要特点	茎短，形状似石头

小朋友好，我是生长在非洲南部的生石花，我有一种特殊的本领，会隐身术。为了防止动物的残杀，我能模仿成石头样，这样就能很好地保护自己了，因此被人们誉为“有生命的石头”。

活的石头

我的茎非常短，常常看不见。形状就像一块石头，色彩丰富，有的是灰色，有的是灰棕色，有的是棕黄色。顶部有的平坦，有的圆润，有的上面还镶嵌着一些深色的花纹。我就像雨花石一样，特别美丽，因此人们把我称作“活的石头”。

拟态植物

有很多的游客看到这些如花岗岩的碎石，都想拾几块留作纪念，拔起来一看，惊奇地发现并非是石头。我这种以假乱真的拟态本领，让很多人都瞠目结舌呢！

华美的变身

我并不是一年四季都是像石头一样的。3～4 岁的时候，每逢秋季，美丽的花朵就从石缝中钻了出来，黄、白、红、粉、紫等色花朵就会将植株盖住，你在沙漠中好像看到美丽的花朵从土里直接冒出来的一样！就这样我完成了一个华美的变身！

留言板

生石花的话

小朋友，我为了防止小动物掠食而形成的自我保护天性，成为“拟态”。那么，小朋友们知道动物变色龙的“拟态”是为了什么吗？

我想对生石花说

____

____

长“飞鸽”的树
鹤望兰

自我介绍	
科别	旅人蕉科
直径	不详
高度	1 米 ~ 2 米
分布地区	原产非洲南部，现全世界广泛分布
主要特点	花朵似天堂鸟的羽翼，靠鸟传播种子，喜光

小朋友好，我叫鹤望兰。我的花就像一只站在枝头上的仙鹤，你若远远眺望根本分不清楚我是花还是鸟。

美丽的别名天堂鸟

有一种生长在新几内亚和澳洲地区的鸟叫做“天堂鸟”。由于我的花与天堂鸟的羽毛十分相似，人们给我起了另外一个美丽的名字“天堂鸟”。我的花是由橘色的花瓣、蓝色的雄蕊组成的，花的形状呈锐角形。只要一朵“天堂鸟”，就足以让我整个花束显得栩栩如生了。

太阳鸟帮忙传播种子

我的花朵有三块鲜橙色的萼片和三块蓝色的瓣，其中有两瓣是联合的，形成一个像箭的蜜管。当太阳鸟坐在上面吃花蜜时，花瓣会张开，并将花粉盖在鸟脚上。种子的假皮是鲜红色的，也能吸引一些鸟，它们很喜欢吃果实里面的脂肪。所以鸟啄吃果实时，也将种子传播出去了。

喜欢日光浴

我喜欢光，每天都要不少于 4 个小时的阳光照射，但是阳光强烈时人们要对我采取保护措施。在冬天的采花期，充足的阳光有利于增加产花量，但如果把我放在遮阴的环境下生长，叶子的外观会更加的漂亮，只是花的数量会减少。

种子为何不出苗?

种子不出苗这其中会有很多原因，像种子失去萌发力或是不成熟、或泡种子的水温过高、或播种后人们的管理不当造成种子霉烂等。但是我的出苗很没有规律，有的种子经过半年甚至更长时间仍能出苗，所以不要一看到我不出苗就给我判死刑。

留言板

鹤望兰的话

亲爱的小朋友，万物生长靠太阳，所以你每天也要接受阳光的照射，户外活动是最好的方式。你喜欢的户外活动有哪些呢?

我想对鹤望兰说

会催眠术的花

木菊花

自我介绍	
科别	菊科
直径	不详
高度	0.6 米～1 米
分布地区	非洲的坦桑尼亚、中国云南
主要特点	短日照，花的味道可催眠

小朋友好，我叫木菊花。我还有一个很好听的名字——木槿，是植物界赫赫有名的“催眠大师”。

形态特征

我的身高 1 米，秋天会落叶，不是常绿的植物，枝条很光滑，花色也丰富，有白色、黄色、淡粉色、粉色等，花瓣上有明显的细纹。一朵花上有很多的花瓣，就像是用特定的纸张折出来的一样。

神奇的催眠术

小朋友，我有一个神奇的本领——催眠。不管是人还是动物，只要吃了我的花，马上就能入睡。即使是两吨重的大犀牛，吃了我的花或是长期闻到花的味道，也会抵挡不住睡意，顷刻昏倒在地酣然入睡。因此人们把我叫做“醉花”、“催眠花”。当地人在生活中慢慢地了解了我这个特性，有时会利用催眠作用来捕捉犀牛等野生动物！

短日照

我喜欢凉爽的气候和充足的阳光，但是我也是短日照的植物。短日照和低温是我发育最重要的条件。

和菊花的关系

我不是菊花中的一种，但是我是菊科植物之一。小朋友，要是你问起我和菊花到底有什么关系？这样来说吧，我和菊花属于同一科属的“表兄弟姐妹”，我们有着许多相似点和共同点，就好像和你同一个外婆的表兄弟姐妹一样。明白了吗？

留言板

木菊花的话

亲爱的小朋友，看完我的介绍，对我和菊花的关系你弄清楚了吗？菊花是植物界中很常见的一种植物，很多诗人歌颂它为植物“四君子之一”。与它成为“四君子”的另外三种植物，你知道它们的名字吗？

我想对木菊花说

能预测地震的植物
含羞草

自我介绍	
科别	豆科
直径	不详
高度	1 米左右
分布地区	原产南美热带地区，现分布广泛
主要特点	害羞，叶敏感，耐寒性较差

小朋友好，我叫含羞草。我害羞胆小，你要是用手稍微碰我一下，我的叶片就会萎缩，就像一个害羞的少女。

楚楚动人

小朋友们，你们见过我吗？我可是在人类家中常见的呦！我的叶子像小羽毛，开出的花朵像一个小绒球，楚楚动人。在人们心中我很文静可爱！要是你们见到我也一定会喜欢我的！

预测地震

虽然我非常害羞，但是我却有一个很奇妙的本领，就是能预测地震。在强烈地震发生几个小时前，我的叶子会突然萎缩，然后枯萎。科学家们研究发现我的叶子，在正常情况下白天张开，夜晚闭合，如果出现白天闭合，夜晚张开的反常现象，那便预示着将会发生地震。

我与杨贵妃

传说杨玉环刚入宫的时候，因为见不到君王就愁眉不展。有一次她和宫女们在皇宫里赏花，不小心碰到了我，叶子立刻卷了起来。宫女们都纷纷奔走相告，说这是她的美貌让花见了都自愧不如。后来唐明皇听说宫里有个“羞花的美人”，于是召见，封为贵妃。

留言板

含羞草的话

亲爱的小朋友，虽然我能够预测地震，但也不能十分准确。你要努力学习，将来做一个科学家，能准确预测自然灾害，为预防大地震这样的自然灾害作出贡献！

我想对含羞草说

____

____

会听音乐的植物
跳舞草

自我介绍	
科别	蝶形花科
直径	不详
高度	100厘米左右
分布地区	亚洲地区
主要特点	叶子会随音乐舞动

小朋友好，我叫跳舞草。顾名思义，我会跳舞，只要能听到优美的旋律，或者有人对我唱一首抒情的歌曲，我的叶子就情不自禁地开始随着旋律舞动起来。我的舞姿可不是单一的，那样多乏味啊！我可以跳很多美妙的舞姿，犹如高雅的华尔兹！

形态特征

我的叶片会随着植株的生长而变化。刚出生的时候，叶子对称地生长，后来转为单叶互生。叶子有的是长椭圆形，有的是披针形，长5厘米~10厘米。开的花很小，紫红色，像蝴蝶的形状。

“湿”人

我是一个“湿”人，每到闷热的阴天或雨过天晴时就特别高兴。我全身几十双叶片会翩翩起舞，时而快，时而慢，节奏感非常好，特别生动有趣，十分壮观。

高尚的舞者

我喜欢跳舞，而且是一个高尚的舞者。我拒绝那种杂乱无章、怪腔怪调的音乐。我的生活也是很有规律的，每当晚上我就会按时休息，所有的叶子都乖乖地竖贴于树干。我能跳舞这个奇怪的现象吸引了很多科学家来进行研究，他们发现我对一定频率和强度的声波有很强的敏感度，同时与温度和阳光也有着直接关系。

留言板

跳舞草的话

亲爱的小朋友，我不仅仅会跳舞，而且还有很强的判断是非的能力。优美的音乐能使我翩翩起舞，而听到那些杂乱无章的音乐我就会“罢舞”。你们也要有自己的判断能力，哪些事情是对的，哪些是不对的，这样才能做一个好孩子！

我想对跳舞草说

____

植物杀手

菟丝草

自我介绍	
科别	旋花科
直径	不详
高度	不详
分布地区	中国江苏、浙江
主要特点	寄生植物，对农作物有害，茎细如丝线

小朋友好，我叫菟丝草。我寄生在别的植物上，这些植物无法逃脱的一个命运——就是活活被我缠住而死。农民伯伯憎恨我，给我起了一个毒辣的名字叫“植物杀手”。

金黄色的细藤

我不长叶子，但生长十分迅速而且茂盛。我的茎像丝线那么细，颜色是金黄的，能够密密麻麻地将绿色植物缠住、盖住。

锋利的“牙齿”

小朋友，你见过长牙齿的植物吗？我就长着一排锋利的“牙齿”。我如丝状的茎向四周旋转，不断地寻找寄主。缠上寄主之后，我就立刻在接触部分产生吸器，这就是我的“牙齿”。我的吸器穿入寄主茎组织内吸取寄主的营养，可以致使寄主的叶片黄化易落，枝梢干枯，长势衰弱。

无法根治

农民伯伯十分憎恨我，因为我把他辛苦种的菜都缠住了。据说，目前人们还没有想到根治我的办法，只能经常在我生长的地方进行检查，一旦我缠住植株了，就立刻将我除掉。

留言板

菟丝草的话

小朋友，目前人们还没有找到根治我的办法。你现在努力学习，将来一定会找到与我们和平共处的方法！

我想对菟丝草说

____

____

____

____

谨慎捕食的植物

捕蝇草

自我介绍	
科别	茅膏菜科
直径	不详
高度	不详
分布地区	北美洲
主要特点	茎短，有捕虫夹子，捕虫时消耗大量热量

小朋友好，我是生长在美国南卡罗莱纳州海岸平原的捕蝇草。我捕虫的功夫特别了得，快来了解一下吧！

血盆大口

我是维管植物中的一种，拥有完整的根、茎、叶、花朵和种子。叶片是我最主要也是最显眼的部分，并且有捕食的功能，外观有明显的刺毛和红色的无柄腺部位，样子好似张着的血盆大口。

玩家新宠

我的茎非常短，在叶的顶端长有一个酷似“贝壳”的捕虫夹，且能分泌蜜汁，当有小虫闯入时，能以极快的速度将它夹住，并消化吸收。独特的捕虫本领与酷酷的外型，使我成为最受玩家宠爱的食虫植物。

谨慎捕食

我捕食的时候非常谨慎，不轻举妄动。捕虫夹子正中央有三条鼎足而立的感觉毛。当感觉毛第一次被触动时，我会按兵不动，因为这有可能是风吹来的沙子，但当感觉毛再次被触碰时，我会迅速闭合，十拿九稳地将虫子捕到。

我的谨慎是因为捕虫并不是一件很轻松的事。捕虫会消耗我体内的大量能量，一般捕虫 3 ~ 4 次，叶子就会凋谢。为了不浪费体能，我就小心行事了！

留言板

捕蝇草的话

小朋友，看完我的故事，你知道我为什么做事会如此谨慎吧？这样不仅能保存体能，而且也不会浪费时间。所以，小朋友在做事情之前也要先有个计划和安排，这样可以节约很多宝贵的时间！

我想对捕蝇草说

____

____

性感的双唇
热唇草

自我介绍	
科别	茜草科
直径	不详
高度	不详
分布地区	巴西到墨西哥湾、西印度群岛一带
主要特点	苞叶似“双唇”，雨后花开在“双唇”间

小朋友好，我是热唇草。我之所以得到这个名字，主要是我有着像少女一样的“双唇”。如果你看到摄影师拍下我的照片，一定觉得这个名字非常贴切！

分外妖娆

我奇特之处就是我的花恰巧开在了“双唇”之间。一场丛林急雨之后，鲜红的双唇中间含着一朵小巧的花朵，使我显得分外妖娆。

授粉功臣的苞叶

其实，这对“双唇”是我的苞叶。我的苞叶对花和果实都有保护作用。花既没有鲜艳的颜色，也没有甜蜜的汁液，全靠这对鲜艳的“双唇”帮我吸引蜂鸟来传授花粉，它可是我授粉的大功臣呢！

知恩图报

印度的僧人很善良，在雨季的时候，他们不会外出，怕伤害花草。所以每当这个时候，他们就在寺院里坐禅修学。菩萨知道后非常感动，于是就赐给会说话的草，来感谢僧人的善良，那种草就是热唇草。每当看到僧人经过我的时候，我就会不停地说“谢谢”。

留言板

热唇草的话

小朋友，你们喜欢我吗？我从小就懂得知恩图报。得到别人的恩惠要懂得感恩，要对别人的帮助和保护，真诚地说感谢，这样才是懂礼貌的好孩子。小朋友，当别人帮助你时，你也要礼貌地说谢谢呦！

我想对热唇草说

____

____

____

____

环境辐射的预报员
紫露草

自我介绍	
科别	鸭跖草科
直径	不详
高度	不详
分布地区	原产墨西哥
主要特点	根据花色能预测辐射，最易秋天成长

小朋友，你好，我是能够揭示环境中辐射强弱的植物哦！快来了解一下吧！

野味十足

我的茎的颜色是紫红色的，茎的下半部分匍匐在地面上，上半部分直立。叶子连着茎的地方常把茎包起来，上面还有许多像梳子一样的细须子。我的花期很长，一年里有很多时间都开着蝴蝶般蓝紫色小花。我的形态奇特优美，具有十足的野味！

花色报警

我的花可以用来监测大气、土壤和水中污染物的浓度。当我受到放射性元素的辐射时，我花中的雄蕊就会变成粉红色，危害越严重，变色的细胞越多。因此，我能清楚地显示出低强度的辐射危险，并发出警报，告诫人们及时注意！

我在秋天最易生长

一般的花都是在春天和夏天生长，而我则喜欢在秋高气爽的气候下生长。秋天我比较容易成活，而且生长速度快，很短的时间就可以把花盆长满。我的茎生长得不高，可以把营养都给叶子，这样就可以安心地过冬了。

休眠状态

我的故乡在南美洲的墨西哥，我喜欢阳光，非常害怕寒冷和霜冻，在冬天的时候温度需要保持在10℃以上。如果气温降到4℃以下，我就进入休眠状态。温度降到0℃时，我就会冻伤而死亡。

留言板

紫露草的话

亲爱的小朋友，植物一般都是在春天开始生长，而我偏偏喜欢在秋天开始生长，是不是很特别呢？你还能列举一些不是在春天生长的植物吗？

我想对紫露草说

____

果园里的魔术师
神秘果

自我介绍	
科别	山榄科
直径	不详
高度	2 米 ~ 4 米
分布地区	原产西非，现印尼和中国的两广、海南、福建均有种植
主要特点	果实含有糖蛋白，能麻痹味觉

小朋友，你好，我叫神秘果。我会变很有意思的魔法，吃完我的果实几个小时后，不论你吃酸的、苦的、辣的，都会变成甜的味道，因此人们把我称作“果园里的魔法师”！

奇迹果

我的身高 2 米多，最高的可达 4 米。我一年四季不断地结果，果实不大，长约 2 厘米，直径 8 毫米。你剥去红皮，露出白瓤，会看到中间只有一颗大种子。西非当地的居民常用我的果实来调节食物的味道。因为我有这个独特的魔法，人们也把我称作“奇迹果”、“梦幻果”。

揭开神秘面纱

我的果实为什么能改变人的味觉呢？这个问题引起了科学家的

好奇。科学家对我的果实进行了详细的分析，分离出一种能改变食物的糖蛋白，这种物质本身并不甜，但是它的溶液对舌头味蕾的感应器发生了作用。

这种糖蛋白的作用并不是永久性的，少则半小时，多至两小时，过了这段时间就会失效。糖蛋白的作用并不能改变食物本身的酸味，只能改变舌头上味觉的作用。惧吃苦药的人，可以先吃一粒我的果实，然后再服药，就不会感觉出难受的味道了。

友谊的国礼

20 世纪 60 年代，周恩来总理在西非访问时，加纳共和国曾将我的果实作为国礼送给了周恩来总理，周总理把我交给了国家热带植物研究所栽培繁殖。

留言板

神秘果的话

小朋友，人们食用我的果实，就能服下治病的苦药，不至于难以下咽。“良药苦口利于病，忠言逆耳利于行”，药虽然苦，但是对病情是非常有帮助的。中肯的建议虽然不是很好听，却能使人的行为更加端正。所以，小朋友，在别人给自己提出意见时要虚心接受，有则改之，无则加勉，好不好？

我想对神秘果说

会喷射的种子

喷 瓜

自我介绍	
科别	葫芦科
直径	不详
高度	不详
分布地区	原产地中海地区
主要特点	种子浸泡在粘液里，粘液有毒，果实力气大

小朋友们，我叫喷瓜。我可有一个奇特的本领哟！我种子的传播方式和一般植物是不同的。想知道吗？往下读吧！

形态特征

我匍匐在地面上生长，叶子呈戟形，花是黄色的。我的果实呈长圆形，上面有很坚硬的毛，里面有奇异的种子。

力大无穷

我原产地在欧洲南部，果实的形状像个大黄瓜。成熟后，种子中有一种叫多浆质的组织，它会变成粘性液体，挤满果实内部，强烈地膨压着果皮。一旦果皮受到触动，就会“砰”地一声破裂，好像一个皮球被刺破的情景一样。这股气非常猛，可把种子及粘液喷射出 13 ~ 18 米远。因为力气大得像放炮，所以人们又把我称作“铁炮瓜”。

有毒的汁液

我的粘液有毒，小朋友一定要注意哟，千万不要让粘液滴到眼睛里！

留言板

喷瓜的话

小朋友，你知道还有哪些植物播撒种子的时候是“喷”出去的呢？

我想对喷瓜说

____

____

____

____

靠湿度变化走动的植物
野燕麦

自我介绍	
科别	禾木科
直径	不详
高度	30 厘米 ~ 150 厘米
分布地区	原产南欧地中海地区，现广布于世界各地
主要特点	生长迅速，能靠湿度变化行走

小朋友，你好，我是生长在荒坡山地的野燕麦。我喜欢潮湿的环境，而且我的生命力非常顽强，经常和小麦为伴。可是农民伯伯却不喜欢我，把我看作是敌人，因为我在小麦的周围，造成小麦生长不良。

我能靠湿度变化走动

我种子的外壳上长着一种很像脚的芒，芒的中部有膝曲，当地面湿度变大的时候，膝曲就伸直了，地面湿度小的时候，膝曲又恢复原状。在一伸一屈之间不断前进，一昼夜可以向前推进 1 厘米呢。

农作物的公敌

我的故乡在南欧的地中海一带，是随着进口麦子混进中国的。

现在中国不论南方还是北方，到处都有我的踪影。因为我家族的成员总在麦类、玉米、高粱、马铃薯、油菜、大豆、胡麻这些农作物周围生长，造成它们减产。因此我如今被认为是世界性农田杂草，被农作物视为公敌！

我与小麦的不同之处

虽然我与小麦看起来相似，但我还是不能逃脱农民伯伯敏锐的眼睛。与小麦相比，我的生长速度快，身高也比小麦高。因此我总与小麦争光、争水、争肥。此外我的叶形比小麦细窄，如果迎着光看你能看到我身上短短的绒毛，而小麦身上却没有毛。

留言板

野燕麦的话

小朋友，我的作用主要是作为牧草饲养牲畜。燕麦属的植物还有燕麦、莜麦。其实燕麦和莜麦在西方国家非常受欢迎，在西方人的餐桌上经常能看到它们。事实上，它们离你也不远。在生活中，你能发现它们的存在吗？

我想对野燕麦说

____